人 DOLLS 形

うつし絵・着せかえ・ぬり絵
TRANSFER SEALS, DRESS-UP PAPER DOLLS & COLORING BOOKS

多田敏捷［編］

Dolls : From the Edo Period to the Present-days

Gosho dolls

Gosho dolls were presentational dolls of little boys, first made in Kyoto during the early 18th century. The dolls were called by many names, and it was from the Meiji Period (1868-1912) on that they came to be widely known as *Gosho* (palace) dolls. The name comes from the Edo Period (1603-1867) system of *Sankin-kotai* (alternative attendance), which required feudal lords from western Japan to visit Edo (now Tokyo) every other year, their families kept there as permanent hostages to ensure loyalty to the Shogunate. On their way to Edo, it was customary for the lords to visit the Imperial Court and pay tribute, the *Gosho* doll being the return gift for their pains. Plate No.1, the doll pulling a tortoise, was probably a gift sent by the Imperial Court on the occasion of the 11th Shogun Ienari's birth. The gift represented a wish for a strong and healthy boy and was most appropriate for a future warrior leader.

Karakuri dolls and *Ito-ayatsuri* dolls

Karakuri, or trick dolls, make use of elaborate pressure systems involving springs, mercury, water, sand, air and wind, or are operated with strings to give the illusion of movement. In the Heian Period work *Tales of Past and Present* (early 12th century), a water-operated *Karakuri* doll is reported to have protected a drought-infested rice paddy, but the dolls did not attract wide notice until the Edo Period when they were used in puppet plays in Takeda. *Ito-ayatsuri* dolls (marionettes) were first used in the late 1600's in plays by the Kyoto-based Yamamoto Kakudayu troupe, subsequently experiencing repeated cycles of decline and revival up to the present-day. When the Yuigi Magozaburo troupe continues to transmit the ancient skill of operating these dolls. Starting in the Meiji Period, marionettes were imported from Europe, and it is these Western-style marionettes which are commonly seen in children's puppet plays today

Girls' Day dolls and accessories

The *hina* dolls used on Girls' Day (*hina matsuri*) have been in existence for centuries. The Heian Period classic *The Tale of*

Genji (early 11th century) mentioned that "one and all are absorbed in play with *hina* dolls." The dolls were popularized in the Edo Period and *hina* play evolved into the *hina* festival (Girls' Day), the date of which became set at March 3. The dolls and accessories for the festival became more and more elaborate, the modern version consisting of a 5 to 7-tier stand and part or all of a set of 15 dolls, including the Emperor, Empress and other personnages as well as various tiny accessories. As a set of dolls is extremely expensive and setting up the display is tremendously time-consuming, inexpensive and easy to play with "*hina* play" *omocha-e* (picture sheets) became quite popular with children.

Bunka dolls
Bunka ("culture") dolls were cloth dolls with modern Western clothing first introduced in the Taisho Period (1912-1926). The true doll of the common people, they were very inexpensive, and are sure to be remembered fondly by any Japanese woman born before 1955. The dolls had dangling arms and legs and came in two types : one with a cloth face and drawn on eyes and nose which cried when its stomach was pressed, and the other with realistic three-dimensional facial features which said "Mama" when turned over.

Hug-me dolls
A naked doll in the form of a child, popular with young girls ages 5-6. The family would sew a *kimono* at home with which to clothe the doll.

Braid dolls
Dolls made of braid formed into the shapes of humans, animals and flowers. Supplies of braid to make one's own doll were sold along with finished dolls at fairs and cheap sweets shops.

Japanese paper dolls, cotton dolls and sew-on hair dolls
Dolls made of Japanese paper were frequently made in the shapes of animals. Cotton dolls were soft and wore out quickly, the result being that few remain in existence. Another doll could be made into various animals by sewing on "hair" made of silk thread. This

was quite a high-grade toy, and few large examples can be found.

Wood-paste dolls
These dolls were made by kneading a sawdust-paste mixture until hard, then placing it in a mold, drying and coloring it. The finished product was lighter than clay and extremely durable. Plates No. 85 -86 show examples of Osaka wood-paste dolls, which were popular from the late Meiji to the Taisho Period.

Milk-drinking doll
This doll came with a small milk bottle, which, when filled with water and brought to the doll's lips, caused the doll to drink the water. Originally an American doll, it was first produced domestically in 1954 and enjoyed great popularity for nearly a decade.

Curl doll
First marketed in 1957, this was a soft plastic doll with hair made of synthetic fibres which could be curled and styled. The doll could be washed in soap and water and its hair curled at fairly low temperatures (80-90°C), making it a favourite with young girls.

Yajirobei (balancing toy)
A favourite with children from the Edo Period, when *Yajirobei* were depicted in *ukiyo-e* and picture books, to today, *Yajirobei* is a doll pierced with a rod laden with weights on either side. The weights regulate the doll's balance and keep it from falling over. Plate No.5 (commentary) and No.104 (main text) show *Yashirobei* made from *Kamo* dolls of a fox and a child. These particular dolls, probably made for adults to be used at banquets and drinking parties,were made from high-quality materials and were no doubt very costly.

Transfer seals, Dress-up Dolls & Coloring Books

Transfer seals
Transfer seals have reversed images and patterns printed on a

sheet of thin paper with water-soluble glue. The moistened seal is placed onto the skin and rubbed gently, then the backing is peeled off slowly so that the images are transfered to the skin as if they were tattoos. Originally this technique was invented for the decoration of pottery, metal and glass works ; it was first used for children's toys during the late Meiji Period. Though it sounds very easy to transfer an image, one has to be careful when peeling the backing paper off in order to obtain a perfect image. Transfer seals were very popular during the Taisho and early Showa Periods ; however, during the mid-1970s they disappeared from the market because licking the seals to moisten them was considered insanitary.

Dress-up paper dolls

One of the most typical of the games for girls is dress-up dolls. According to the *History of Japanese Dolls* edited by Tokubei Yamada in 1942, the first Japanese dress-up dolls were made during the early Edo Period (16th century) and called *hadaka ningyo* or "naked doll." They were made to be dressed in home-made costumes. Next, dolls called *ichimatsu-ningyo* with decorative, traditional costumes appeared. They could be undressed and redressed easily in a variety of costumes. However, for ordinary children, these dolls were too expensive. These children played with *anesama-ningyo* (literally : elder sister doll) or three-dimensional female paper dolls made of *chiyogami* (figured paper) and colored paper. Nevertheless, to make *anesama-ningyo* required a degree of technique which was too difficult for young children. Therefore, "paper dress-up dolls" were created. They were made from woodblock printed paper on which human figures were depicted along with an assortment of dresses, hair styles, footwear and accessories. These images were intended to be cut out and assembled together. With woodblock prints, any kind of doll, luxurious costume or household utensil was within the attainable price range of any child. Moreover, they were easy to play with: children only had to cut out the pictures and assemble them. For these reasons they became very popular.

Paper dress-up dolls first appeared in the late Edo period (mid-19th century) and spread throughout the country along with *omocha-e* (children's picture sheets printed from woodblocks), which had dress-up dolls as one of their design themes. During the early Meiji Period, the Ministry of Education issued several versions of paper dress-up dolls with designs of Western costumes (No. 22, 23) to encourage Western dress and manners. Throughout the Taisho Period to the 1950s, paper dress-up dolls were the most typical toys for girls and, along with other toys, their designs vividly reflected the fashions and social conditions of the times. However, they became obsolete with the spread of television and three-dimensional dolls such as Barbie Dolls and Rika-chan Dolls. Now these two-dimensional dress-up dolls can only be found in some sweet shops or in a corner of the occasional small stationary shops. I hope that these lovely, inexpensive paper dress-up dolls will become popular again in the future.

Pictures to be colored and coloring books *(Nuri-e)*

Nuri-e (coloring picture game) used to be a popular pastime for children. *Nuri-e* sheets (picture sheet on which outlines of various figures were printed) first appeared during the early Meiji Period. They were used in elementary schools during the Meiji and Taisho Periods as an aid in art education. Towards the end of the Meiji Period, there was a boom in postcard coloring contests and many children took up the challenge of creating their own unique masterpieces by coloring in line drawings printed on postcards

(No. 52). These contests accelerated the diffusion of picture sheets throughout the country. When *nuri-e* in book form (coloring books) were produced during the Taisho Period, they become one of the most popular pastimes for girls. However, as with other toys, because of the pervasive influence of television on our culture, coloring books have begun to gradually disappear from the market.

Kiichi's Coloring Books

Among the various toys made from the Meiji Period to the present, as far as I know the only one whose designer's name became familiar to all children and which was used for the product's name were "Kiichi's Coloring Books" (No. 71~97). Kiichi Tsutaya, born in Tokyo in 1914, was at first a painter of *nihonga* or Japanese style painting. After the Second World War, he started to design coloring books and began to publish them himself in 1947. His designs of fairyland princesses and animals captured the imagination of young girls and seemed to reflect their dreams in the era when peace was returning. His works began to be published by two *nuri-e* publishing houses and books with new designs were continuously produced. They were sold at every sweet shop throughout the country. Girls excitedly rushed to buy the latest issue and collected them like treasures. At their peak, around 1950 -51, one million books were sold every month. It is not an exaggeration to say that in those days in Japan almost every girl played with a "Kiichi's Coloring Book." They were "hidden best sellers," which have never been mentioned in any history of Japanese children's culture.

人形

うつし絵・着せかえ・ぬり絵

人形—江戸から現代まで—

■御所人形

　江戸時代に京都で生まれた美術的な人形で、その名称は
いろいろあったが、「御所人形」という名称で広く呼ばれる
ようになるのは明治以降である。また西国大名が参勤交替
で上府のとき、京の禁裏などに挨拶として目録を贈る風習
があり、その時返礼にこの人形が贈られたのがその名の起
こりという。

　御所人形はまた勅使下向の際、大奥などの土産として京
千代紙ともども贈られたので、江戸では「お土産人形」と
いい、禁裏よりの御下賜品にこの人形が贈られる例がよく
あったので「拝領人形」とも呼ばれた。

　安政以後、大阪今橋の人形店、伊豆蔵屋喜兵衛の人形が
大阪以西に数多く販売されたので、これらの地域の人々は
「伊豆蔵人形」とも呼んだ。図版No1の「亀曳人形」は、
11代将軍家斉誕生時に、多分禁裏あたりから贈られたもの
であろう。将来武士の棟梁たる人にふさわしい力強い人形

である。

■からくり人形

　ゼンマイや水銀、水、砂、空気（風）などを動力に利用したり、紐を引いたりして動かす仕掛けになっている人形。平安時代の『今昔物語』に水からくりの人形が日でりの田を守ったことが記されているが、からくりが一般的に人々の目にふれるようになるのは、江戸時代になって、竹田のからくり人形芝居からである。またこのからくり人形は、神社祭礼の「山車人形（だし）」（山車からくり）にも応用された。

■連理返り（れんりがえり）

　江戸時代のからくりを説明した代表的な本に『機巧図彙（からくりずい）』がある。寛政8年（1796）に細川半蔵頼

（左）
大勝利人形
明治28年(1875)
12.4×6×4.7cm
日清戦争の戦捷記念に買ってもらった人形。
"Great Victory Doll"
made in commemoration
of the Sino-Japanese War

（右）
大勝利人形の箱の側面
大勝利人形の文字
Side view of box
for the "Great Victory
Doll"

直によって書かれ、機械玩具の解説書としては江戸時代一番の本である。この中には「茶運び人形」「五段返り」「連理返り」「竜門の滝」「鼓笛児童」「揺盃」「闘鶏」「魚釣り人形」「品玉人形」の9種類のからくりが記されており、その中の一つ「連理返り」は、階段状の台を、2体の人形が両肩にかけた引合棒と呼ぶ2本の棒でつながり、この棒の中の水銀の移動によって棒が直立し、この時、人形も一緒にもち上り、下の人形を越してもう一段下の段におり、続いて次の人形が同じように下の人形を飛び越えて下におりていく。この様な動作をくりかえしながら下段におりていくからくり人形で、この時の様子を著者細川半蔵は本の中で次の様に書いている。「次第次第に下の檀へ落ちて立つこと何檀有ってもかわることなし　是もまことに生るが如し」

■糸操り

　寛文・延宝（1661〜81）の頃、京都の山本角太夫一座が糸操りを角太夫節に合わせて演じたのが始まりで、その後たびたび廃れたがそのつど再興され、現在は結城孫三郎一座によってその技術が伝えられている。

　これに対し、明治以降西洋式の糸操り人形マリオネットが輸入され、現在でもあちこちで公演され子供達を喜ばせている。

■雛遊びの調度と人形

　「雛遊び」の歴史は古く、平安時代の『源氏物語』に、「もろともにひいなあそびし給ふ」と記されている。この雛遊びが江戸時代に入ると一般化して「雛祭り」に移行し、年中行事として3月3日に定着した。「雛祭り」という言葉がうまれたのは江戸中期頃で、この頃から雛や調度品が少しづつ増加し、雛段の数も宝暦、明和（1751～1772）に2、3段となり、安永の頃（1772～81）には4、5段の物も現われ、江戸末期には7、8段の物も見られた。雛段に飾る人形や調度品は、一般的な物以外は当時の最高級品、最新流行の品などを調度品として並べ、また日頃愛玩している人形なども雛段に並べた。段飾りの御雛様は大変高価で並べるのも大変であるが、おもちゃ絵や紙製の「おひなさま遊び」は安くて簡単に遊べるので、子供達に大変人気があった。

■武者飾りと鯉幟

　江戸時代の初期、5月の節句に飾り兜やその他の武具、幟、吹き貫などを屋外に並べる風習が生まれたのが「武者飾り」のルーツ。

　「鯉幟」は、5月の節句に武士が玄関前に武家飾りを並べ立てたのに対抗して、江戸中期以後、町人が武具代りに、立身出世の魚として知られる鯉を幟として立てたのがおこ

りである。

■指人形

　人形の頭や手に指を入れ、指先を動かし、さまざまな動作をさせる人形を「指人形」という。玩具の指人形の歴史は古く、元禄3年（1690）刊、『人倫訓蒙図彙』に登場し、その後も人々にしたしまれ現代におよんでいる。

　「指人形」の頭や手は、木、土、張り子、練り物等でつくられ、体の部分は布などでつくる。最近ではキャラクター物の「指人形」がよくつくられる。

■首振り人形

　子供の頃、母親に手をひかれ、よく夜店に行ったものであるが、その時、夜店の輪なげや射的場でよくこの人形を見かけたものである。人形の首が振動でゆっくりと、こっくり、こっくり動く姿は実にのどかで、ユーモラスである。

■姉様

　婦人の髪形をまねて、紙で髷を作り、千代紙などで衣裳をつくり、着せた人形。一般庶民の子供達のままごと遊びの人形として古くからしたしまれた。江戸時代には女の子の遊びとして広く各家庭で遊ばれ、江戸時代末期からは商品としても売り出された。

■縫いぐるみ人形

　綿やパッキングを芯にして、外側から布を縫い合わせて

作った人形。

　江戸時代、家庭での手作りとして緋色の木綿の布で人形の形を作り、これに綿をつめ、これを「負い猿」と呼んだ。この「負い猿」を幼女達は手に抱いたり、背負ったりした。これが縫いぐるみ人形の元祖である。

■文化人形

　大正時代に生まれた布製の抱き人形で、スタイルはモダンな洋装の人形だが、一番庶民的な安価な人形で、昭和30年以前に生まれた女性なら一番懐かしい人形がこの「文化人形」である。手足がぶらぶらしているので、「ぶらぶら人形」とも呼ばれ、顔は布の上に目鼻を描いてあるのと、顔に凹凸があり、リアルに出来あがっているのと2種類ある。前者の方は腹部を押すと「キュー、キュー」と音のするのがあり、後者にはひっくりかえすと「マ、マー」と音のするのがあり、それは「ママー人形」とも呼ばれた。

■抱き人形

　童形の裸のままの日本人形で、5、6歳ぐらいの幼女の姿をしたものが多く、これに家庭で着物を縫って着せる。

■モール人形

　モール細工で人形、花、動物などをこしらえたもの。縁日や駄菓子屋などで、材料のモールや出来がった人形などが売られた。

■土人形・石焼人形

　明治時代の子供のおもちゃ箱からよく土人形や石焼人形が出てくるが、いずれも手のひらの上に乗るような小型の物が多く、大きくても10センチ前後である。出てくる人形の種類は、天神、大黒、恵比須、稲荷のキツネ、子供の風俗人形等で、当時の子供に対する親の願い、子供の関心事がよくわかり大変おもしろい。

■和紙人形・綿人形・毛植人形

　「和紙人形」は和紙を材料にして製作され、作品は動物が多い。

　「綿人形」は綿が材料のためやわらかく、すぐ潰れるため現存する作品が少ない。

　「毛植人形」は絹糸でできた毛を植えて、さまざまな動物が作られている。高級品のため大きな作品が少ない。

■まくら人形・眠り人形・フランス人形

　「まくら人形」は縫いぐるみの抱き人形。枕の様な形をしているので「まくら人形」と呼ばれる。

　「眠り人形」は頭は陶製で、胴は練り物でできたものが多く、横に寝かせると人形のまぶたが下って眠った表情となる。

　「フランス人形」は昭和初期、フランスから人形の作り方が伝えられ、「フランス人形」の名で流行した。

■子供風俗人形

　その時代の代表的な子供衣裳を着たり、遊びをしている
人形。

■練り物細工

　桐の鋸屑に糊を加えて練りかためたもの。またこれを型
にいれて抜き、乾燥させ彩色すると土人形より軽く、堅牢
なものが出来る。図版 No 72・73 は、大阪練り物で明治末
から大正時代にかけての物である。

■ミルク飲み人形

　人形に附属しているミルク瓶に水を入れ、人形の口に当
てがうと、その水を飲むのでこの名前がついた。元来はア

宣伝用ペコちゃん
昭和戦後　102×40×40cm
Peko-chan (Fujiya Bakery's
mascot doll)

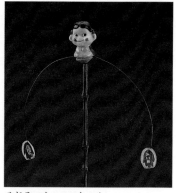

やじろべえ・ペコちゃん
昭和戦後　16×16cm
ソフトビニール製
Yajirobei with Peko-chan

メリカ生まれであったが、昭和29年（1954）に国産品がつくられるようになり、昭和30年代にかけて大流行した。

■カール人形

　昭和32年（1957）から登場、合成繊維の髪をカールさせて髪結い遊びをする軟質ビニール製人形。　値段は800円から300円ぐらい。セッケンで洗うことが出来、80〜90度ぐらいの高い温度で髪を好きな形に仕上げることが出来、少女たちにたいへん人気があった。

■バービー・スキッパー

　「バービー」は、昭和37年（1962）頃、アメリカから日本にはいってきた。39年頃から小学校高学年の少女を中心に全国的に大流行、衣裳も100種類ほどあり、髪型を変えるカツラまでそろっている。「バービー」の外に、妹の「スキッパー」、ボーイフレンドの「ケン」などのグループ人形もあり、着せ替え遊びの他に複雑な人形遊びも出来る。

　図版 No 77 は、「バービー」の衣裳のサンプルとデザイン原画、型紙で、大変貴重なものである。

■リカちゃん

　香山リカ、白樺学園5年生、5月3日生まれ、おうし座、血液型O型、音楽と体育が得意で算数が苦手、（『リカちゃんとリカちゃんハウス』増渕宗一著より）。

　昭和42年（1967）に登場、それまでの外国感覚の人形か

ら、純日本的人形（5等身、黒髪、べた足）に変り、当時の少女達に身近に感じられる人形として、たちまちのうち少女達の人気者となった。

■ GIジョー

アメリカ兵の姿をした、男の子向きの着せ替人形。人間の関節部分が21個所も動き、本物の人間の様な動作が出来るのが特徴。兵士の種類も陸・海・空とあり、国別でもアメリカ、ドイツ、イギリス、フランスその他数か国あり、附属兵器も数多く揃い、いろいろな組合わせがたのしめる。

昭和39年（1964）アメリカでつくられ大流行。日本では昭和41年から売り出され、男の子の兵隊着せ替人形として

やじろべえ・加茂人形
江戸時代　20×9cm
Yajirobei（balancing toy）made from
Kamo doll of a fox

やじろべえ・ピエロ
1950s　11.5×18.5cm　*Yajirobei* of Pierrot

人気者となった。

■やじろべえ

　中心の人形から両横に棒をだし、その両端に重りを取り付け、左右の重さを平均させ、倒れないようにした玩具。享保の頃（1716〜36）には「張合人形」や「豆蔵」と呼ばれ、浮世絵や絵本に登場する。また「釣合人形」、「与次郎人形」、「弥次郎兵衛」、「笠人形」、「水汲人形」、「正直正兵衛」とも呼ばれ、江戸時代から現代まで子供達に親しまれている。

　解説写真 18 頁と本文図版 No 82 の加茂人形の狐と童児のやじろべえは多分大人用で、酒席で用いられたものであろう。この種類のやじろべえは加茂人形が多く、重りはギヤマンや玉が用いられ、やじろべえを支える主柱も唐木や金属、時にはギヤマンの棒も使用される事がある。当時としては非常に高価なものであったに違いない。

うつし絵・着せかえ・ぬり絵

■うつし絵

　いろいろな絵を印刷した紙を水に濡らして、この絵を腕や手に貼り付けると、絵が紙から離れて膚に移る。この紙を「移し絵」という。

明治の末期に陶磁器に模様を転写する技術を応用したものができた。台紙にのりを塗り、乾燥させてから、もう一度別ののりを塗り、その上から左右が逆になった絵を印刷する。台紙を水でぬらして、手の甲にあて、紙の裏からそっとこすり、ゆっくり紙をはがすと、絵が手の甲に移っている。一見簡単な様に見えるが、はがし方にコツがあり、なかなかうまく出来ない。大正、昭和と子供達の間であそばれた移し絵も、昭和40年代にはいると、子供がなめるのは、衛生上良くないと考えられ、しだいに子供達の前から姿を消していった。

■着せかえ

　女の子の代表的な遊びに「着せかえ」がある。一般にいう「着せかえ遊び」とは、人物やいろいろな衣裳が印刷された一枚の色刷りの紙から、人や衣服を抜きとり、衣裳の

かつら替人形
13.5×9×3cm
Doll with changeable wigs

着せかえを楽しむ遊びを言うが、広い意味では、市松人形やバービー人形、リカちゃん人形などの衣裳の着せかえ、日本人形にいろいろなカツラをつけかえる遊びまで着せかえ遊びという。

　最近、紙の着せかえ遊びが少なくなったため、リカちゃん人形などの着せかえ遊びが主流になってきたが、本書では一番一般的に遊ばれた紙製の着せかえを見ていただきたい。

　着せかえ遊びのルーツは、人形にいろいろな衣裳を着せて遊んだのが最初であろう。昭和17年（1942）刊の『日本人形史』（山田徳兵衛）に「裸人形という言葉、その絵は西鶴の五人女に見える……、ふだんの玩び物として広く行われ、姉様や土人形にくらべると高級品であった。衣裳をも着せたであろう。」とあり、江戸時代の初期には広く裸人形で着せかえ遊びが行われていた事がわかる。また『日本人

かつら替人形
19×12.5×4.4cm
Doll with changeable wigs

形史」には「裸人形に次いで、衣裳着の人形を子供がふだ
ん玩ぶことが普通になった。衣裳を着せてあるのを買った
り、また家庭で縫って着せたりした。それを市松人形など
と呼んだ」とあり、裸人形に次いで、市松人形の着せかえ
遊びが、より広く家庭に普及していった事がわかる。しか
し、いかに普及したとはいえ、市松人形などの着せかえ人
形は、一般庶民、特に裏店の子供たちにとっては高根の花、
姉様人形に、紙製の衣裳が精一杯であったであろう。しか
し姉様人形といえども、姉様の製作には技術が必要であり、
小さな子供達には製作が困難である。そこで考えだされた
のが、紙製の着せかえであろう。まず一枚の紙に木版で刷
るので、人形とくらべると非常に値段が安く、一枚の紙か
ら人や衣裳を切りとるだけですむので、姉様をつくったり、
衣裳をつくったりする技術も手間もかからず、その上、木

かつら替人形
13.5×8.7×3cm
Doll with changeable wigs

版で刷るため、どんな人形でも、どんな立派な衣裳や調度品でも思うままである。これらの事が、紙製の着せかえが着せかえの主流になった原因であろう。

　紙製の着せかえは江戸後期頃から現われ、明治時代初期には文部省製本所発行の西洋着せ替（かえ）などもつくられ、また、おもちゃ絵の普及にともない、木版刷りの安価な着せかえが一般に広まった。大正、昭和と、紙製の着せかえは、時代、世相を反映した図柄が印刷され、多くの幼女達に愛用された。しかしテレビの普及や、バービー、リカちゃんなどの人形の流行により紙製着せかえは廃れ、現在では駄菓子屋や、文具店の片隅でほそぼそと売られている状態である。安価な紙製着せかえが再び日の目を見る日を期待したい。

かつら替人形
18.5×12×3.5cm
Doll with changeable wigs

■ぬり絵

　画用紙などの紙面に、いろいろな絵の輪郭だけが描かれていて、この絵の輪郭にそって色を塗っていく絵紙を「ぬり絵」という。

　一枚ものから数枚をとじ合せた塗り絵帳まであり、女の子の遊びとしては大変人気があった。

　江戸時代の木版刷の本の中に、色の無い挿絵に、いたずらがきで輪郭にそって彩色をしたものを時々みかける事がある。この中には大人がしたのではないかと考えられる上手なものから、明らかに子供と考えられる稚拙なものまでいろいろあるが、大部分、子供のいたずらと考えられるものが多い。本物のぬり絵ではないが、輪郭にそって色を塗った点では塗り絵遊びのルーツともいってもよいのではないか。明治時代になると、学校教育として図画の絵手本に色を塗る事が行われ、明治後期には、ハガキに絵が描かれていて、それに色を塗って送ると、賞金や賞品がもらえる事が流行し、多くの子供達がこれに挑戦し、この事が塗り絵の流行に拍車をかけた。大正時代になるとぬり絵帳も現れ、以後ぬり絵は、女の子の遊びの代表的なものになった。

■きいちのぬり絵

　明治時代から現代まで、子供達に親しまれた玩具は色々あるが、作者の名前が玩具の呼び名と共に呼ばれ、多くの

子供達に親しまれたのは、筆者の知るかぎり、「きいちのぬり絵」ぐらいであろう。

昭和20年代の初め、日本の子供達にやっと平和が訪れた頃、日本のあちこちの露地裏の駄菓子屋で、次々と売りだされるきいちのぬり絵に、女の子達は目を輝かし、先を争って買い求め、宝物のごとく慈しんだものである。

昭和25、6年頃には全国で月100万枚前後も売られ、当時の女の子達は、皆んなきいちのぬり絵で遊んだと言っても過言ではない。児童文化史の表面には現われない、隠れたベストセラーである。

現在、日日にきいちのぬり絵が、いやぬり絵文化そのものが忘れられていくのが非常に残念である。紙に描かれたおとぎ話の主人公に、動物達に、子供達の夢をぬりかさねていくぬり絵も、たまには良いのではなかろうか。

■蔦谷喜一 伝

大正3年（1914）2月18日、東京の京橋の紙問屋「蔦谷商店」の子として生まれる。家業が新聞用紙を扱う商店だったため、商業高校に入れられるが、商業算数や簿記は苦手で、子供の頃から人物を描くのが好きであったので、4年目に学校を中退、昭和7年（1932）に川端画学校へ入学、本格的に日本画を勉強する。

昭和14年（1939）、画学校時代の友人にすすめられ、アル

バイトで「汐汲」や「藤娘」など数種類の歌舞伎踊りのぬり絵を描く。当時、夏目漱石の「虞美人草」の藤尾に憧れていたので、ぬり絵に「フジヲ」という名前を入れた。

昭和17年(1942)、物資統制でぬり絵屋が廃業、その後海軍に徴用される。

昭和20年 (1945) 8月、終戦で家に帰り、友人の紹介で、進駐軍の軍人や家族の肖像画を描く。一年程すると、以前描いていたぬり絵屋さんがたずねてきたのでぬり絵を再開、しかし、3・4ヶ月でやめ、22年1月から、「キイチ」の名前で、お伽の国のお姫様などを描いたぬり絵を自費出版する。しかし製作と販売の二役はむずかしく、結局、22年夏頃から、喜一、石川、川村の三者の共同経営で出発、昭和23年には、川村さんの山海堂と石川さんの石川松戸堂の二軒にわかれ、二軒からきいちのぬり絵が出版された。

昭和25、6年がきいちのぬり絵のピークで、100万枚前後も売れたという。

二羽の小鳥が、短冊の両端をくわえているのが石川松戸堂で、アルファベットのTの下にサインが入り、Tの字に小鳥が一羽止まっているのが、山海堂である。

昭和37、8年頃から、テレビの普及などで、ぬり絵の需要も減り、45、6年頃には、きいちのぬり絵は、子供世界から消えてしまった。しかし、最近きいちのぬり絵が、再びよ

みがえり、ところどころで、その姿を見かけるようになった。玩具を愛するものとしては、大変喜ばしい事である。

［参 考 文 献］

- ●「日本人形史」 山田徳兵衛著 富山房 昭和17年(1943)
- ●「東京玩具人形問屋協同組合70年史」 70周年記念事業委員会編 東京玩具人形問屋協同組合 昭和31年(1956)
- ●「日本人形玩具辞典」 斎藤良輔編 東京堂出版 昭和43年(1968)
- ●「おもちゃの話」 斎藤良輔著 朝日新聞社 昭和46年(1971)
- ●「日本のおもちゃ」 山田徳兵衛著 芳賀書店 昭和46年(1971)
- ●「日本のおもちゃ遊び」 斎藤良輔著 朝日新聞社 昭和47年(1972)
- ●「日本こども遊び集」(太陽 No 140) 平凡社 昭和49年(1974)
- ●「日本の人形と玩具」 西沢笛畝著 岩崎美術社 昭和50年(1975)
- ●「子どもの四季」 三井良尚著 時事通信社 昭和51年(1976)
- ●「浮世絵の見方」 吉田漱著 渓水社 昭和52年(1977)
- ●「昭和玩具文化史」 斎藤良輔著 住宅新報社 昭和53年(1978)
- ●「きいちのぬりえ」 蔦谷喜一著 草思社 昭和53年(1978)
- ●"Barbie Dolls" Paris, Susan & Carol Collector Books 1982
- ●「玩具の今昔」(特別展図録) 市立市川歴史博物館 昭和59年(1984)
- ●「青い眼の人形」 武田英子著 山口書店 昭和60年(1985)
- ●「明治・大正・昭和 子ども遊び集」(別冊太陽) 平凡社 昭和60年(1985)
- ●「おもちゃの歴史と子どもたち」(特別展図録) 小山市立博物館 昭和60年(1985)
- ●「夢をつむぐ」 尾崎秀樹著 光村図書出版 昭和61年(1986)
- ●「浮世絵の基礎知識」 吉田漱著 雄山閣 昭和62年(1987)
- ●「テーマは遊」(特別展図録) 兵庫県立歴史博物館 昭和63年(1988)
- ●「遊びとおもちゃ」(特別展図録) 埼玉県立博物館 昭和63年(1988)
- ●「リカちゃんハウスの博覧会」 増渕宗一監 INAX 平成元年(1989)
- ●「おもちゃ博物誌」 斎藤良輔著 騒人社 平成元年(1989)
- ●「おもちゃの歴史」(特別展図録) 大分市歴史資料館 平成元年(1989)
- ●"Collectible Male Action Figures" Paris & Susan Collector Books 1990
- ●「よし藤・子ども浮世絵」 中村光夫著 富士出版 平成2年(1990)
- ●「遊びとおもちゃ」(特別展図録) 栃木県立博物館 平成3年(1991)
- ●「懐かしのおもちゃ展」(特別展図録) 市立函館博物館博物館 平成3年(1991)

DOLLS
TRANSFER SEALS, DRESS-UP PAPER DOLLS & COLORING BOOKS

御所人形
Gosho Doll

1　御所人形・亀曳人形
　　（左）蓬萊亀
　　34.2×21×22.5cm
　　（右）人形
　　40×28×18cm
　　11代将軍家斉誕生の
　　時贈られた人形。
　　Gosho doll:
　　Boy pulling a tortoise

からくり人形
Karakuri Doll

2　連理返りの箱
　　江戸後期　19.5×10×13cm
　　Box for a *Karakuri*-doll（trick doll）set

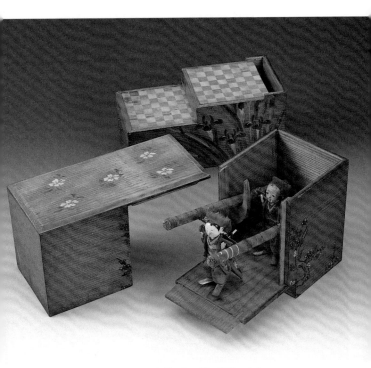

箱を開くと中に連理返りの人形が収納され，箱が階段になる。
Disassembled set

引合棒が水銀の移動によって直立したところ。
Dolls standing upright operated by mercury

一段下におりたところ。
Dolls coming down the stairs

連理返りの人形を置いたところ。
Assembled set

3　少女と犬
1900s　15×12×9.5cm
ゼンマイ動力で少女の手と犬の前足が動く。
Karakuri doll: the girl's arms and the dog's front paw move by clockwork

4　輪を持つ少女

1890s　16.5×5.5×5.5cm

下の台に針金とふいごが仕掛けてあり、下方に押すと音がし、
針金が上に突き上げられ人形の内部のからくりを動かし、輪を
持った手が上にあがる。

Karakuri doll: a wire and bellows cause the girl's arms, holding
a hoop to move up

5 小鳥と花

1900s 10×9×6cm

下の台に針金とふいごが仕掛けてあり、下方に押すとピーピーと小鳥の鳴
き声がし、針金に押されて小鳥が動く。

Karakuri doll: a wire and bellows cause the bird to sing and move

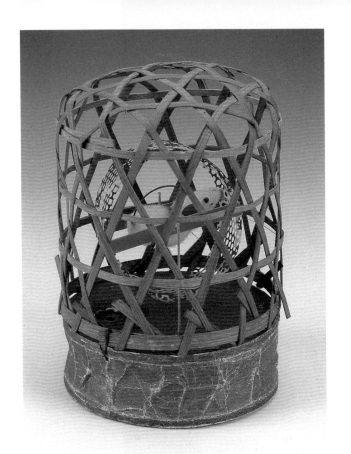

6 ネズミの輪まわり　1910s　10×9×6cm
　籠の下の台にふいごが仕掛けてあり、下方に押すと音がして台の
　上部より風が吹き出して、ネズミのまわりのセルロイド製の輪を
　まわし、まるでネズミ自身が動いて輪をまわしているように見え
　る。
Karakuri doll: bellows cause a hoop to move around a mouse

7
首さげ人形
1910s　16.7×7×3.5cm
人形を首からぶらさげて
歩くと、その振動で人形
が上、下し、また腹部に
仕掛けられたふいごが鳴
る。
Karakuri doll: when hanging
from one's neck, the walking
vibration causes the doll to
move up and down

8　少女
1910s　17×6.5×4.5cm
人形からのびたゴム管に接続したふいごを押すと少女の手が上にあがる。
Karakuri doll: bellows move the girl's arms up

操り人形 *Ayatsuri* Doll

9 糸操り人形　江戸時代後期　23×26.5×2cm
   Ito-ayatsuri doll（marionette）

三月人形
Hina Dolls

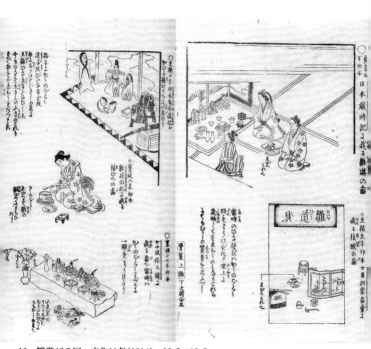

10　雛遊びの図　文化11年(1814)　26.5×18.5cm
　　『日本歳時記』にのる雛遊の図　『骨董集』（上編下の前）　山東京伝
Illustrations of girls playing with *hina* dolls

11 雛御殿
嘉永2年(1849)
28×27.5×22cm
Palace of *hina* dolls

雛御殿の箱蓋
Box lid for *hina* dolls

12 ギヤマンの雛道具
6×10.3×5.9cm
高杯、鉢、ワイングラスが入る幕末の高級雛道具。
A set of glassware for *hina* dolls

13 志ん板　ひなだん（おもちゃ絵）　東家板　明治31年(1898)　36.8×24.8cm
Omocha-e (picture sheet) of *hina* dolls

46

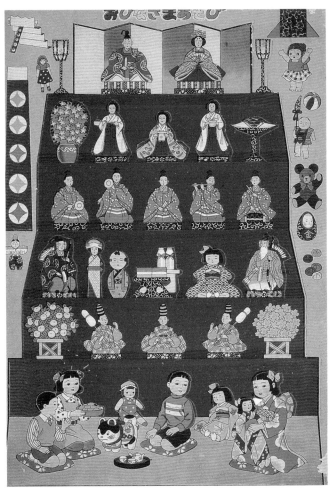

14 おひなさまあそび　1940s　38.5×27cm
Picture sheet of *hina* dolls

15　おひなあそび　1950s　30×20.8cm　アサヒ玩具製
　　Picture sheet of *hina* dolls

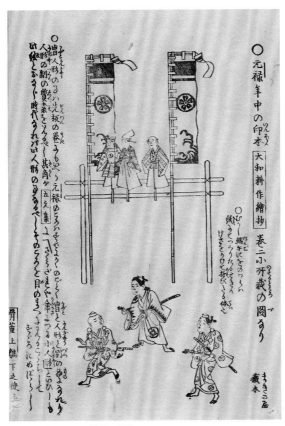

16　元禄年間の五月節供の外飾
文化11年(1814)　26.5×18.5cm　『骨董集』(上編)　山東京伝
Boys' Day outdoor decorations used　during the Genroku Era
(1688-1704)

17　五月人形の大将鎧の鎧櫃蓋
　　1850〜68年　22×21.7cm
　　内側に木版刷の鎧の飾り方と、宣伝文が書かれている。
　　人形仕入所・八幡屋吉兵衛
　　Lid of case for the armor

大将鎧▶
1850〜68年　53.5×23×23cm
Boys' Day *samurai* armor

18 飾太鼓
    1860s   11×42×11.5cm
    Boys' Day ornamental drum

Boys' Day *samurai* decorations and carp streamers
On the annual festival of May 5 (Boys'Day), a custom began in the early Edo
Period of displaying helmets, arms, streamers, banners and other *samurai*
accessories outside one's home. Carp streamers first appeared when Edo merchants,
in opposition to the *samurai*'s elaborate outdoor displays of weapons, responded in
turn by hoisting streamers in the form of carp, fish symbolizing advancement in life
and career, outside their dwellings.

19　ざしきのぼり
　　安政2年(1855)
　　35.5×25.5cm
　　芳綱画　辻岡屋版
　　Woodblock print with carp streamers

20　武者飾り　安政3年(1856)　25×36cm　芳幾画
Woodblock print with Boys' Day decoration

55

21　鯉幟　安政2年(1855)　37.5×25.5cm　芳藤画　文正堂
Woodblock print of carp streamers

22 鯉幟の版木
　幕末～明治初期
　46×20cm
　Woodblock for a
　carp streamer

23　ノブヤの組立武者かざり　1950s　39×26.9cm
Cut-out, fold-up picture sheet with Boys' Day decoration

24　ノンキナトウサン　1920s　21×26cm　Happy-go-lucky Father

25 指人形 （左）金五郎 （右）娘 1940s 20×22cm Finger puppets

Finger puppets

By inserting a finger into the arm or head area of the doll and bending the finger, a whole repertoire of actions are made possible. Finger puppets have a long history in Japan, appearing in the 1690 work *Compendium of Human Enlightenment*, and are still loved by children today. With cloth bodies and heads and hands made of wood, clay and papier-mache, modern finger puppets are often made in the forms of popular children's characters.

26　ペコちゃん　ポコちゃん　1950s　20×17.5cm
　　Peko-chan & Poko-chan

27 指人形　1960s　20×17cm　Finger puppets

首振り人形 Neck-shaking Dolls

28 首振り人形 1920s 18.5×7×7cm
Neck-shaking doll

29　首振り人形　レーサー　1950s　10.5×5.5×6cm
　　Neck-shaking doll: Racer

30 首振り人形 （左)野球少年 （右)エンタツの桃太郎
1950s 10×5×4.5cm
Neck-shaking dolls

エンタツの桃太郎の首を取ったところ
Disassembled doll

Kubifuri doll

In my childhood, I can remember being taken
at night by my mother to open-air night stalls
and fairs, and I recall *kubifuri* (head-shaking)
dolls being omnipresent at the ring-toss stalls
and shooting galleries. When moved, the
dolls gently shake their heads in a nodding
motion which is genuinely humorous.

姉様人形 *Anesama* Dolls

31 姉様を作る図　当世美人合　33.5×21cm　国貞画　和泉屋板
Woodblock print of girl making *anesama* dolls

32 あねさま小供風俗
明治30年(1897) 35.3×23.5cm 宮川春汀画
Woodblock print of girls playing with *anesama* dolls

33　姉様　明治時代　16×6×4cm　*Anesama* doll

Anesama doll

These dolls imitate ladies' hairstyles and fashions, with the hair "styled" in paper chignons and clothes made of patterned paper (*chiyogami*). *Anesama* (elder sister) dolls, used in playing house, have been popular with the masses for centuries, being present in virtually every young girl's home in the Edo Period. They began to be produced and sold commercially in the final Edo years.

34　姉様のいろいろ　明治〜昭和　47×9×3.3cm　Variations of *anesama* dolls

縫いぐるみ人形 Stuffed Dolls

35　犬　1890s　16.5×17×10cm　Dog

36 猫 1900s 17×10.5×10cm Cat

37　犬　1900s　12×17×7cm　Dog

38 小犬
1900s 6.5×14cm
Puppies

Stuffed dolls

Cloth dolls stuffed with cotton or packing have been popular in Japan since the Edo Period, when homemade monkey dolls with pink cotton bodies and cotton stuffing were played with by little girls. The dolls enjoyed great popularity and were the forerunners of other Japanese stuffed toys.

39 うさぎ 1910s 12.5×21×10.5cm Rabbit

40 うさぎ 1920s 17×9×18cm Rabbit

41　犬　1920s　14×8.5×13cm　Dog

42 犬 1930s 25.5×19×10cm Dogs

43 文化人形 大正~昭和 20×57×34cm *Bunka* ("culture") dolls

文化人形
Bunka Dolls

44　文化人形　1920s　36×16×8.5cm　ママ笛入り
Bunka（"culture"）doll

45　文化人形　1926〜60年　50×25×9.5cm　*Bunka* dolls

46　文化人形
　　1926～60年
　　41×17×5cm
　　Bunka dolls

抱き人形 Hug-me Dolls

47 抱き人形
　明治時代
　19.5×9×9.5cm
　Hug-me dolls

48　抱き人形　1920s　23×15×13cm　Hug-me doll

49 抱き人形 1940s 41×9×9cm Hug-me doll

モール人形
Braid Dolls

モール細工の材料　Pieces of braid

50　モール細工の花　1930s　17×9×9cm　Braid flowers

51　モール人形　1930s　10.5×7.3cm　Braid dolls

52　モール人形　1950s　24×5cm　Braid dolls

53　モール人形　1950s　12×3.2cm　Braid dolls

土人形
Clay Dolls

54 ラケットを持つ少年
明治末～大正初期
12×9.8×6.5cm
Clay doll:
Boy holding a racket

Clay and porcelain dolls

Clay and porcelain dolls, nearly all under 10cm long and small enough to fit in the palm of one's hand, were popular in the Meiji Period. The dolls were commonly representations of gods of the heavens, luck and wealth, or the foxes believed to act as messengers for the agricultural god *Inari*. Still others illustrated popular trends and manners of the day, and are invaluable in showing us the interests of children of the period, as well as the beliefs of adults and what they wished for their children.

55 なわとび　明治末～大正初期　7.5×5.5×4.5cm
Clay doll: Girl with a jumping rope

56 恵比須様と天神様
　明治時代　7×5.5×1.7cm
　Porcelain dolls: Ebisu god &
　Tenjin god

57 稲荷のキツネ
　　大正初期　5.8×4×2.3cm
Porcelain dolls: Foxes of Inari Shrine

58 石焼人形　明治時代　9×3.8×2.5cm
Porcelain dolls: Military man, girl with a doll, student (from left to right)

59　犬
　　明治時代
　　6×4×2.5cm
　　Porcelain
　　doll: Dog

60　石焼人形　明治時代　4.5×3×2cm　Porcelain dolls

61　石焼人形　大正時代　6.5×3×1.5cm　Porcelain dolls

綿人形 Cotton Doll

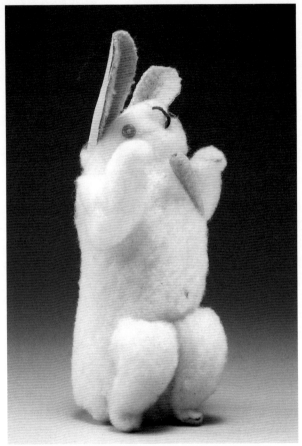

62　綿人形　うさぎ　明治時代　11×4×4cm　Cotton doll: Rabbit

63 和紙人形　猫　明治時代　9×9×4cm　Japanese paper doll: Cat

64　和紙人形　うさぎ　明治時代　18×10×5.5cm
Japanese paper doll: Rabbit

65　和紙人形　たぬき　大正時代　8×7cm
Japanese paper doll: Racoon dog

毛植人形
Sew-on Hair Doll

66　毛植人形　狆
江戸時代　23×25×9cm
Sew-on hair doll: Pug dog

まくら人形 Pillow Dolls

67　まくら人形　1910s　35×14×9cm　Pillow dolls

Pillow dolls, sleepy-head dolls, French dolls
Pillow dolls were stuffed toys in the general shape of pillows made to be hugged by
children. Sleepy-head dolls had ceramic heads and wood-paste torsos, and closed
their eyes when laid down to convey the illusion of sleep. At the beginning of the
Showa Period (1926–1989) the French way of dollmaking was introduced to Japan,
and dolls produced in this manner, called French dolls, were considered quite
stylish.

68 まくら人形 猫を抱いた少女 1920s 19×8×5cm
Pillow doll: Girl holding a cat

眠り人形 Sleepy-Head Doll

69　眠りベビードール
　　1940s　14×26×7cm
　　Sleepy-head doll
　　腹部をおすと泣く。

70　フランス人形　1930s　35×17×13cm　French doll

子供風俗人形
Children's
Popular Dolls

71　子供風俗人形
1900s
15×6×4.3cm
Children's
popular dolls

Children's popular dolls
Dolls dressed in the typical clothing and engaged in the popular games of the day.

練り物細工 Wood-Paste Dolls

72 玉乗り　15×9×2cm　大阪練り物
Wood-paste dolls: Dancer on a ball

73　犬　12×9.5×4cm　大阪練り物
Wood-paste dolls: Dog

ミルク飲み人形
Milk-Drinking Doll

74　ミルク飲み人形
1950s　21×23cm
軟質ビニール製
Milk-drinking doll

カール人形
Curl doll

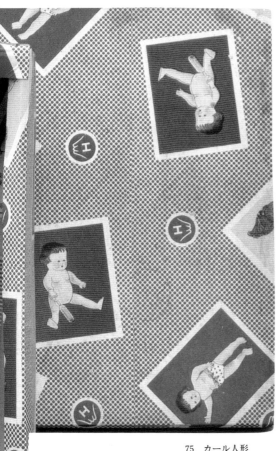

75　カール人形
1950s　21×15cm
軟質ビニール製
Curl doll

76 スキッパー人形
1960s 23.5×6cm
ソフトビニール製
マテル社
Skipper

Barbie and Skipper

Barbie was first introduced to Japan in 1962 and by 1964 had become a great hit with older elementary school girls. With roughly 100 different outfits, changeable wigs, and characters like Barbie's little sister Skipper and boyfriend Ken, the dolls allowed for complex play. Plates No. 90–95 show original drawings, paper patterns and samples of early Barbie fashions, all considered extremely valuable.

バービー 人形
Barbie

77 バービー人形
1960s 30×6.5cm
ソフト・ビニール製
マテル社
Barbie

6
WEDDING BELLS I
-BRIDE-

ウエディングドレス・デザイン原画　30.5×41.5cm
Original drawing of a wedding dress

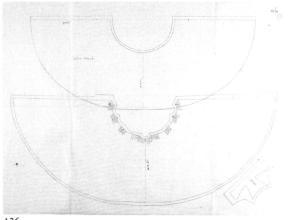

ウエディング
ドレスの型紙
Paper patterns

ウエディングドレス一式
A wedding dress set

バービー人形にサンプルのウエディングドレスを着せたところ
Barbie in the wedding dress

128

バービーバック
1961年　31×27×6.5cm
マテル社
Barbie's bag

ウエディングドレスを着た花嫁
Side view of Barbie
in the wedding dress

130

78　パットちゃん　はるみちゃん　リカちゃん　（左より）
1960s　22.5×4.5cm　ソフトビニール製
Pat-chan, Harumi-chan & Rika-chan (from left to right)

79 ジェニー
1980s　33×14×5cm
ソフトビニール製　タカラ
Jenny

Rika-chan doll

"Rika Kayama, 5th grader at Shirakaba school, birthday May 3, Taurus, O blood-type. Excels in music and gym, weak point arithmetic" (from *Rika-chan and Rika-chan's House*, Soichi Masubuchi). First introduced in 1967, Rika-chan, the 11-year old daughter of a French musician and a Japanese designer, was the first truly Japanese fashion doll. With black hair and other common Japanese characteri-stics, she won immediate popula-rity with young irls, whocould relate to her betterthan the previously popular Western-style dolls.

GIジョー
GI Joe

80 GIジョー
1960s 29.5×13cm
ソフトビニール製
HASBRO
GI Joe

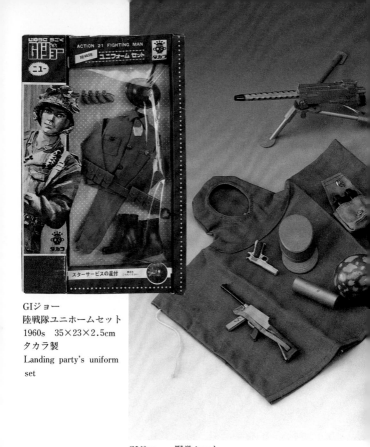

GIジョー
陸戦隊ユニホームセット
1960s　35×23×2.5cm
タカラ製
Landing party's uniform
set

GIジョー　野営セット
1960s　33.5×13.5cm
HASBRO・タカラ
Camping set

GI Joe
A hit in America, GI Joe was first sold in Japan in 1966 and was a favourite of
Japanese boys. An American soldier, GI Joe, had 26 movable joints allowing for
realistic movement, and costumes were available for the army, navy and air force of
Britain, France, Germany and other nations in addition to America. Weapons and
accessories were also numerous, allowing for a great variety of combinations.

137

やじろべえ *Yajirobei*

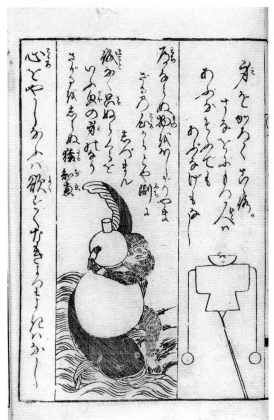

81　やじろべえの図　天明 4 年(1784)刊　22.5×16cm
　　身をかろくこころすなをにもつ人は あぶなそうでも あぶなげもなし
　　『やしない草』　下河辺拾水画　脇坂義堂著
　　Illustration of *yajirobei*（balancing toy）

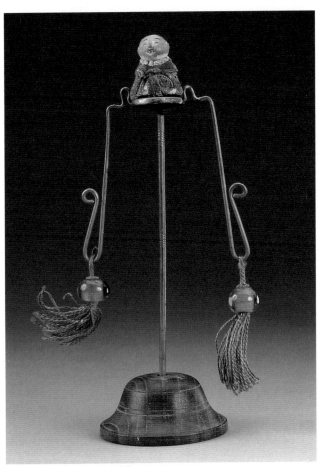

82 童児　加茂人形　江戸時代　10×5cm
Yajirobei (balancing toy) made from Kamo doll of a boy's figure
バランスをとる棒の両端にガラス玉の重りがついている。

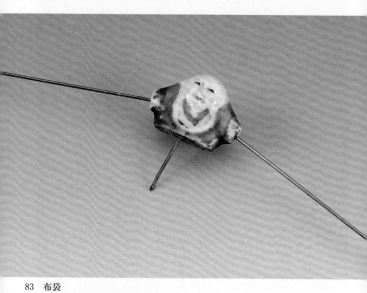

83 布袋
明治時代 2.7×29.5×1.2cm
Yajirobei of Hotei god

京都の清水、五条坂あたりで焼かれたのであろう
石焼きの布袋を買って、手と足の棒は自分で作る。

84 兵隊▶
1900s 16×14.5cm
Yajirobei of soldie

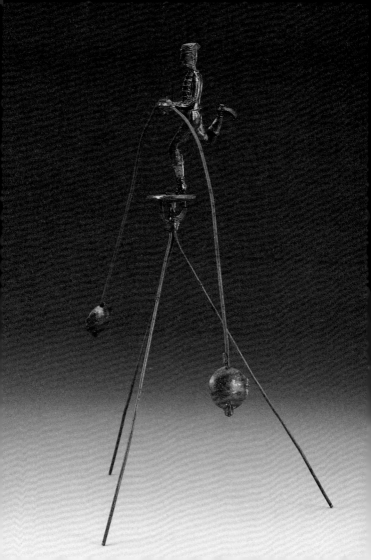

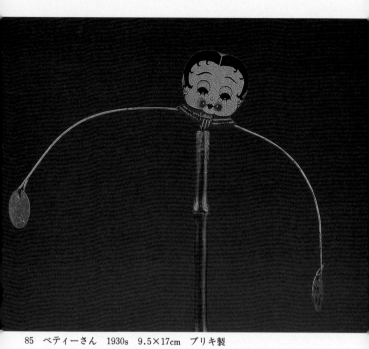

85 ベティーさん 1930s 9.5×17cm ブリキ製
Yajirobei of Betty Boop

86 とり 1950s 11.5×18.5cm ブリキ製 *Yajirobei* of bird

87 犬 1950s 10×18.5cm ブリキ製 *Yajirobei* of dog

うつし絵　Transfer seals

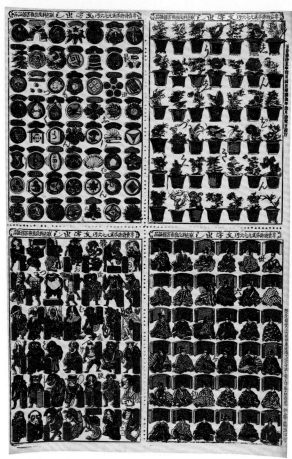

88　文字出し　明治35年(1902)　37×25cm　伊藤二龍館印行
　　Letters ＆ labels

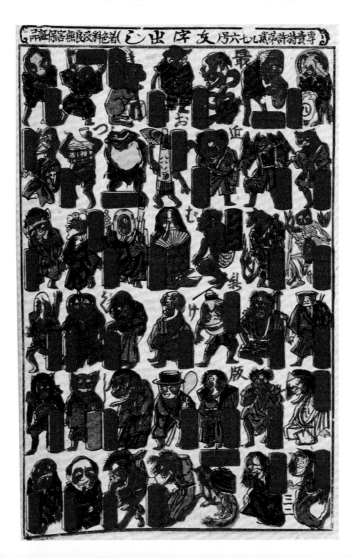

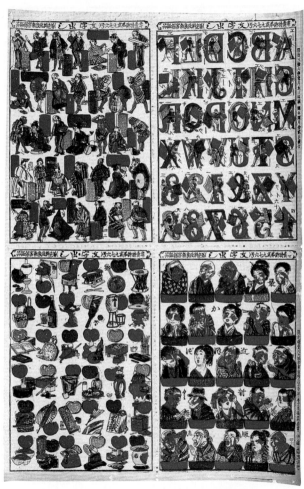

89　文字出し　明治36年(1903)　37×25cm　伊藤二龍館印行
Letters ＆ labels

146

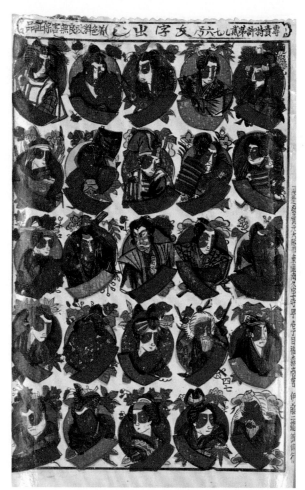

90　文字出し　明治35年(1902)　19×24.5cm　伊藤二龍館印行
Letters & labels

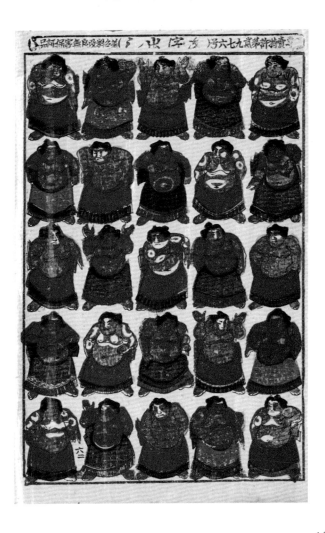

標商（印歳萬）録登

91 ウツシ絵 18.5×25cm 萬歳印 Letters & labels

92　松竹少女歌劇ウツシ絵　10.5×21.7cm
　　"Shochiku Girls' Opera"

93　どうぶつうつしえ　昭和16年(1941)頃　21.5×10.7cm　"Animal seals"

94　愛馬進軍・ウツシエ
　　昭和16年(1941)　22×11cm　原色版印刷社出版部発行
　　"My favorite horse marching"

くぬしを出てから幾月ぞ
共に死ぬ気でこの馬と
攻めて進んだ山や川
馳つた手綱に春が過ぐ

⑪

呼び出したラツパで
今日は面設での馬群
馬よつづり終れたか
明日の取も手張いぞ

⑭

弾丸の用意る問度
お前だよりに乗切つて
つもり来たしたものの時
従いて来た様を見ました

⑮

なんともあいぞ能の陣馬よ磨け郎関犬

愛馬愛護の歌ふより――四一二五五章　香物資景

③
靴間袋のお守りを
賭けてふるへの黒毛
ちりにまみれた顔面に
なんでなつくか顔よせて

伊達に取らうとの綱
ちよつきかけて吏込めば

お前の背に目の丸を
立てて入城した朝
兵に雪らられぬ天晴れの
動には永く忘れぬぞ

愛馬愛護の歌ふより――四一二五五章　香物資景

95 兵隊さんありがとう・ウツシエ
昭和16年(1941)　12×10.4cm　松本かつぢ作・原色版印刷社出版部発行
"Thank you soldiers"

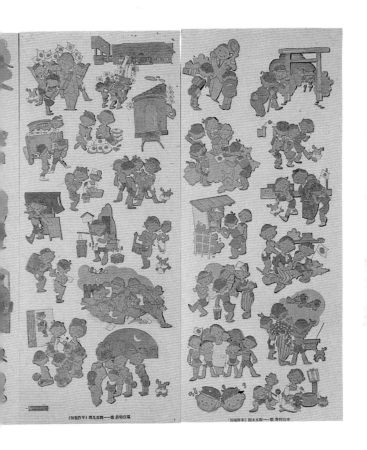

96　少国民ウツシヱ・四季の花
　　25×12.5cm　ホシ玩具出版社発行
　　"Seasonal flowers"

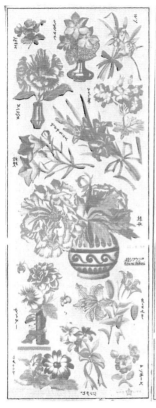

159

97 慰問用うつし絵とシール
　昭和17年(1942)　23×8.8cm　中原淳一絵　キヨト社発行
　"Lovely lady seals"

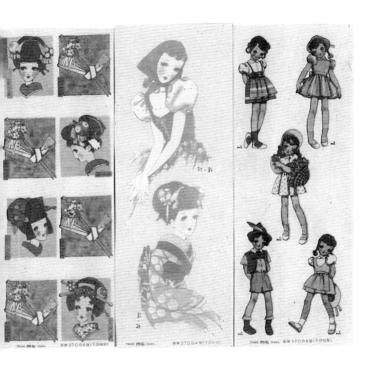

161

98　文化ウツシエ・皇軍御慰問
　　昭和17年(1942)　20×10cm　大森商店発行
　　"Comforts for Imperial Army"

163

99 うつしえ 19.3×8.7cm Letters & labels

165

100 うつしえ 19×13.5cm "Hero seals"

167

101　すみれうつしえ
　　　18×7.6cm／20×7.3cm
　　　日光社発行
　　　Transfer Pictures "Baseball players"

102　腕章　サンフランシスコ・シールズ
　　　日米親善野球試合・切符
　　　昭和24年(1949)　9.7×16cm／4.7×10cm
　　　"San Francisco seals"：arm band & ticket

103 うつしえ 15×6cm ニコニコ社 ナゴヤ玩具
"Amusing seals"

171

最新版 速寫 早うつしえ ㊞

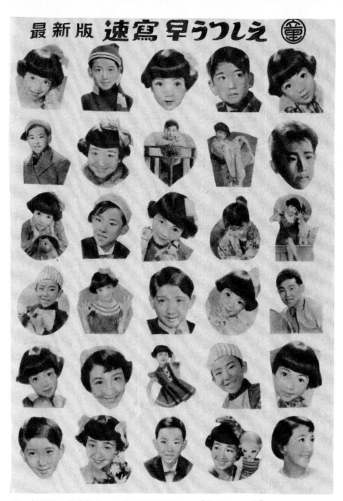

104　最新版　速寫早うつしえ　26×18.5cm　"Children seals"

174

105
君の名は　うつしえ
昭和27年(1952)
20×11cm
Transfer seals with
characters from the
story "Your name?"

106　アトムうつしえ
　　21×11.5cm
　　カゴメ玩具
　　"Stars of stage
　　and screen"

177

107　うつし絵
　　　20.5×10.5cm
　　　"Superheroes"

108 チャームうつしえ
20.5×9.2cm
"Obake-no-Q-taro,"
"Tarzan Boy" and "Iron Man"

チャームうつしえ

181

着せかえ Dress-up paper dolls

109 西洋着せ替 36×25.5cm 文部省製本所発行 "Western dresses"

110 キセカエ 36×24cm "Western dresses"

111　新版　剣士道具着替　明治28年(1895)　37×24.7cm
高橋版　"Fencing equipment"

112　志ん板　阿称様起せかゑ　明治27年(1894)　37×25cm
よし藤画　越米版　"Anesama dolls"

113　おどりのいせう付　明治29年(1896)　37.5×25cm　越米版
"Dancing costumes"

114　志ん板　いせうつけ　明治30年(1897)　37×25cm　越米画版
松野栄次郎発行　"Men's formal wear"

115　ねいさんのきせかえ　明治31年(1898)　37×25cm　越米版
　　　"My elder sister's dresses"

116　おどりいせうつけ　明治32年(1899)　38×25cm　越米版
　　"Dancing costumes"

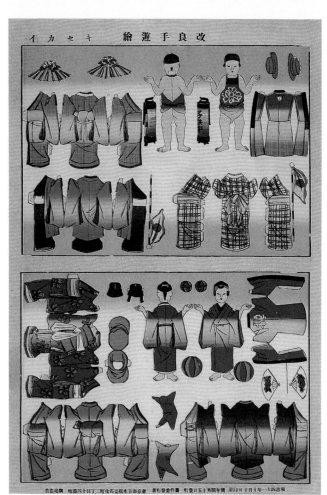

117 改良手遊繪・キセカエ　明治41年(1908)　37.5×25cm 綱島亀吉発行
"Boys' and girls' festive kimonos"

118　新版キセカエ　41×29cm　"New family fashions"

新版もセ刀工

192

120　キセカエ・フランス人形　26×20×2.5cm　YOSHIO　"French dolls"

◀119　新版キセカエ
　　　41×29cm
　　　"New family fashions"

121
モダンキセカエ
20×27.5cm
"Modern fashions"

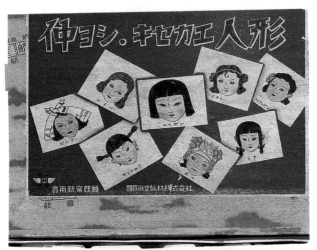

122　仲ヨシ・キセカエ人形　26.5×20×2cm　国民航空教材株式会社
"Friends"

123　ママゴトキセカエ　15.5×26cm　"Playing house"

124 きせかえ　15.3×10.5cm　"Fashions"（front & back figures）

125 マンガきせかえ　17.6×13cm　ライオン玩具　"Comic characters"

126
でこちゃんの
きせかえ
26.5×19cm
"Deko-chan"

127
きせかえ
25.7×25cm
"Mother and
daughter
fashions"

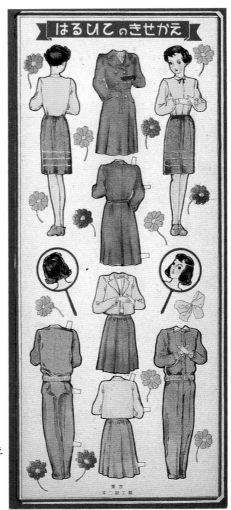

128
はるひこのきせかえ
38×17.5cm
東京不二紙工製
"Haruhiko's dress-
up paper dolls"

199

129　最新版きせかえあそび　38.5×17.8cm
　　"New woman's fashions"

130　スワンきせかえ　23×15.5cm　"Mother and child fashions"

131　朝日のきせかえ　26×18cm　"Takarazuka costumes"

朝日のきせかえ

宝塚

乙羽信子

132　朝日のきせかえ　26×18cm　"Takarazuka costumes"

133 君の名は　きせかえ　昭和27年(1952)　29×20cm
Haruki's fashion (hero of the story "Your name?")

134 ロマンきせかえ 30.5×21cm "Romantic fashions"

ロマンきせかえ

皇太子殿下
美智子さん
花嫁
きせかえ

135 花嫁きせかえ　昭和34年(1959)　30.5×21cm
Wedding of Crown Prince and Princess

皇太子殿下
美智子さん
花嫁きせかえ

209

136 きせかえあそび
30.5×21.5cm
©あだち充／小学館
東宝　旭通
Dress-up paper dolls
with comic story "Touch"

ぬり絵 Coloring books (*Nuri-e*)

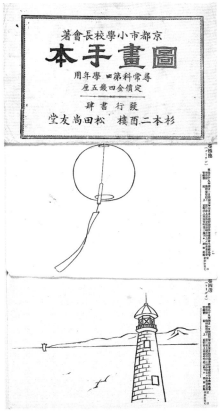

137　図画手本
明治38年(1905)　15×23cm
京都市小学校校長会著　松田尚友堂発行
"Coloring book for elementary school students"

138 教育彩画紙
明治38年（1905）
15.3×19.5cm
大阪奨励館発行
Application form for
coloring contest

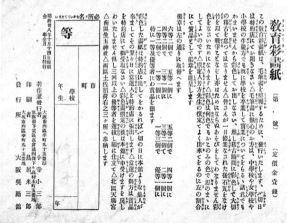

日本少年第十八回懸賞彩色絵端書

當て字咨案

住所姓名年齢はこの處に
お書きなさい

139　日本少年第18回縣賞彩色絵端書
　　 14.2×9.2cm
　　 Postcard to be colored for coloring contest

140 ぬり絵カード
    5.3×8.5cm
    Pencil sketches for coloring

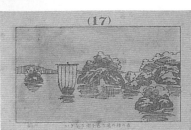

214

141 サイシキシカタ・エンピツ画（ぬりえ帳）　大正7年(1918)　22×15.5cm
綱島亀吉発行　"A boy and his dog"

142　ぬり絵　22×30cm　"Zoo coloring book"

KUMA
熊
クマ

143　ヌリエ
　　昭和11年(1936)　19.5×31.5×2cm
　　株式会社春江堂発行
　　"Designs for a happy child"

144 コドモヌリエ 13.7×26×2cm "Enjoy coloring"

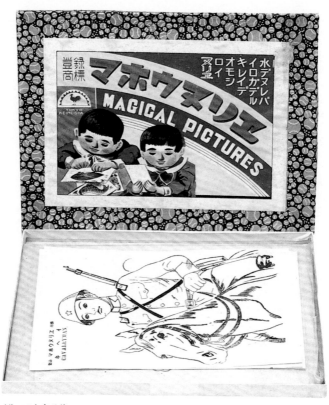

145　マホウヌリエ
　　　17.5×24×1.5cm
　　　TOKYO KEIMEISHA
　　　"Magical pictures"

146　ヨイコヌリエ
　　15×21cm
　　"Wartime companion for good children"

148
ヨイコヌリエ
15×21cm
"Wartime companion
for good children"

149　連続ヌリエ・鐘の鳴る丘　昭和22年(1947)　13.3×11cm　たまよ画
"Story coloring book"

150　ぬり絵　25×18.3cm　"Playtime"

151 新版ぬりえ
25×18.3cm
"Coloring book for girls"

152　ひろしのぬりえ　16×12cm　東京児童工作社発行
　　"Hiroshi's coloring books"

153　きれいなぬりえ　昭和24年(1949)　18×13cm　本田のり子画
　　日昭館書店発行　"Coloring book for girls"

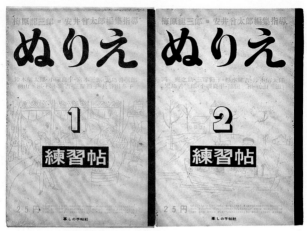

154　ぬりえ　昭和26年(1951)　26×18.5cm　梅原龍三郎・安井曾太郎編集指導
　　暮しの手帖社発行　"Coloring practice"

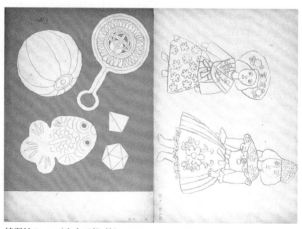

練習帖の一つ(宮本三郎・絵)　"Coloring practice"

155　ぬりえ
　　　21.5×15.5cm
　　　"Comic series"

156　変身ぬりえ
　　　21.5×15.5cm
　　　"Mutant series"

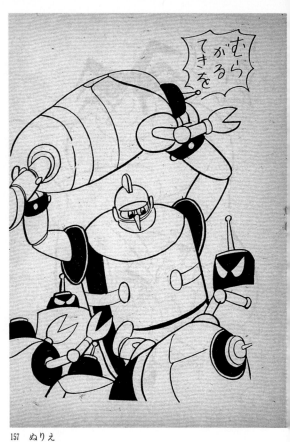

157　ぬりえ
　　21.5×31cm
　　"Comic series"

きちのぬりえ Kiichi's Coloring Books

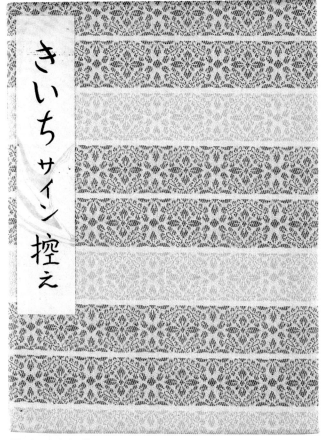

きいちサイン控え

158　きいちサイン控　24.4×18cm
Coloring books designed by Kiichi Tsutaya

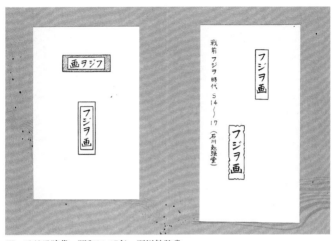

159　フジヲ時代　昭和14-17年　石川勉強堂

160　フジヲ時代　昭和21年　石川勉強堂

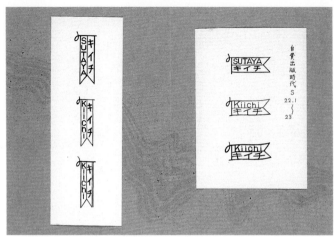

161　自費出版時代　昭和22・23年

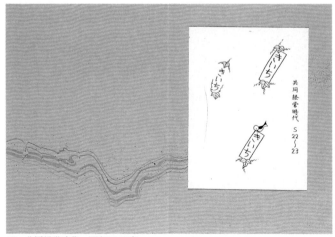

162　共同経営時代　昭和22・23年

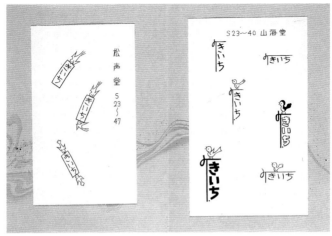

163　昭和23-40年（左）　　山海堂　昭和23-47年（右）　　松声堂

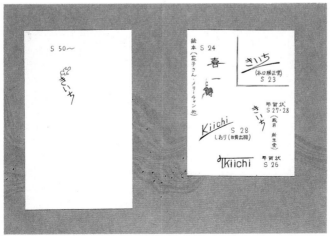

164　昭和23-28年

165　フジヲ時代　昭和14-17年

京の春

166 昭和22-23年

167 フジヲ時代
昭和14-17年

239

168 ぬりゑ
昭和23・24年
石川聲堂

169　ぬりゑ
昭和23・24年

170 蔦谷氏に「メリーちゃん」の表紙絵を肉筆で
　　再現してもらったもの。

171　メリーちゃん▶
　　　25.5×35.5cm
　　　画・蔦谷喜一　文・美保優
　　　朝日出版社

はなこさん

172　はなこさん　昭和24年

はなこさん

173 昭和20年代 石川松聲堂

174　ぬりゑ　昭和30年代　川村山海堂

マッチうりのしょうじょ

175　ぬりゑ　昭和30年代　石川松聲堂

176　ぬりゑ　昭和30年代　石川松聲堂

177　きいちきせかえ　昭和30年代

178　きせかえ　昭和30年代

179　きせかえの表紙の原画　昭和35年頃

180　ぬりえ　昭和35年頃

181　おあそびぬりえ　昭和40年代

182　おとぎばなしぬりえ　昭和40年代

183 ぬりえ原画、昭和50年代

おひめさま
おさんぽ

184　ぬりえ原画　昭和50年代

本書は1992年発行の『おもちゃ博物館・うつし絵・着せかえ・ぬり絵・人形』(京都書院刊) をもとに再編成、編集したものです。

人　形〈おもちゃ博物館2〉
うつし絵・着せかえ・ぬり絵

京都書院アーツコレクション……㉑

平成9年4月1日　第1刷

定価はカバーに表示してあります。

日本玩具史研究所

編　者　　多　田　敏　捷

編　集　　濱　田　信　義

発行者　　藤　岡　　護

発行所　　株式会社　京　都　書　院

京都市中京区堀川通三条上ル　〒604

TEL.075-841-9131/FAX.075-842-9383 (営業部)
TEL.075-841-9123/FAX.075-841-9127 (編集部)

制　作　　京都書院デザインセンター

印　刷　　京都書院美術印刷

著者と了解のうえ検印を廃します。　　　(落丁本・乱丁本はおとりかえします)

東京スタイル

都築響一 編著

圧倒的迫力のカメラアイ、ウィットに富む鋭利なキャプション、東京の若者の100部屋を活写。日常空間をかつてないリアルさで捉え、トウキョウ世紀末の実像を抉る。現代の心象に「住」から肉迫、斬新な都市記録写真集。

●B4判変型・384頁・上製本　●¥12,000円

世紀末コレクション (全10巻)

ベル・エポックのパリはアール・ヌーボー華やかなりし都。その文化の諸相と本質を、ファッション、風俗、社会現象、ガラス工芸などに見る総合的コレクション。当時の貴重な写真資料が物語る泡沫の美への戯滅、世紀末の幻想が鮮やかに甦る。

●A4判・各48頁・上製本　●定価2,300円

美しい京都シリーズ (全8巻)

人と自然が交融し、千余年の連続性のうえに今を紡ぐ京都。カメラはその歴史と文化の源泉に細やかに分け入り、四季折々の古都の詩情をきわやかに写し出す。未来への祈念を込めて贈る、京、こなくま美の位相。充実の全8巻。

●25×25cm・各72頁・上製本　●定価3,980円

今昔 都名所図会 (全5巻)

絵師の洒脱な筆とカメラの冴えたアングルが、時空を越えて照らし合う妙味溢れる画案内記。江戸期のベストセラー「都名所図会」。挿画に活写された社寺や祭に、今再びシャッターが切られた。二百年の変遷と通う魅力を浮き彫りにして、京の全貌をビジュアルに編む。

●A4判変型・平均120頁　●定価3,500円

人　形 (全6巻)

人類は誕生以来、自らの姿を写した「ひとがた」を創って様々な祈りを託した。やがてそれは愛玩の対象として、また、その美しさを愛でる鑑賞の対象として発展してきた。本書では、古典から現代の優品をはじめ、郷土人形に至るまで、日本の多種多様な人形を網羅する。

●A4判変型・平均168頁　●定価3,914円

富士山

伊志井桃雲 写真

刻々と共明に近づくというハンデを乗り越え、氏の生きる支えである富士山に昼夜レンズを向ける。時には優しく、ある時には万物を寄せつけぬ厳しい表情で……。季節により、日により様々な顔を見せる「富士」を136点の活写で捉えたフォトドラマ。

●B4判変型・200頁・上製本　●18,540円

京都書院　出版営業部/Tel：075-841-9131・Fax：075-842-9383

近代日本の漆工芸

荒川浩和 監修

江戸期の優れた技法と様式を受け継ぎながら、西洋文化を巧みに吸収し、技術改革や新意匠の試みなど、時代に適応した漆工芸の数々。明治・大正の漆工芸の秀品130点を豊富なカラー図版で紹介し、詳細な研究資料を付した。斬界待望の画期的出版。

●A3判変型・324頁・上製本　●70,040円

印　籠—シャンプー・コレクション—

トルーデル・クレフィシュ 著

漆工芸が「日本」の個有名詞を代表するように、漆文化は日本の重要な伝統工芸として発展の歴史を遂げている。その最も身近な例として印籠が挙げられるが、本書では華々しく開花した近代における未発表優品313点を主題別に編纂し、小画面に展開する巧みな意匠の数々を迫る。

●29×29cm・324頁・上製本　●49,440円

輪島塗

荒川浩和 監修

漆工芸の最高峰と評価される「輪島塗」の源泉から、現代の美術工芸品にいたるまでの歴史的経過を、700余点に及ぶ価値ある作品群と詳細な研究解説により紹介。細緻な技巧に彩られた輪島塗の特質に言及せんとする決定版。

●A3判変型・560頁・上製本　●100,940円

細川家伝来 蒔絵漆芸

細川護貞 監修

昭和25年創設の「永青文庫」に遺る約15,000点に及ぶ細川家歴代の遺品より、蒔絵、漆芸品を編纂。国宝の鞍をはじめとする武具、硯箱、料紙箱、煙草盆、食籠、香道具、茶道具、根付など、桃山・江戸期、明・清代を中心とした優品を網羅する。

●B4判変型・284頁・上製本　●70,040円

明治の輸出工芸図案—起立工商会社工芸下図集—

樋田豊次郎 著

明治6年ウィーン万国博を機に設立された「起立工商会社」は、同24年の解散に至るまで、手工芸による産業振興と、美術工芸品の輸出という二大国策に沿って精力的な活動を続けた。本書では385点の下図を器種、文様別に分類、巻末にはその歴史的特徴と意義を詳細に付した。

●B4判・490頁・上製本　●29,870円

古代出土漆器の研究

岡田文男 著

東アジアに目覚ましい発展を遂げた漆文化。その多様な古代出土品の効果的な分析や保存を目標に、材質・制作技法を年代や地域により分別。体系的論述で古えを工芸史、美術史に多大な示唆を与え、アジア文化圏の実像にも迫る。

●B5判・192頁・上製本　●9,800円

京都書院　出版営業部/Tel：075-841-9131・Fax：075-842-9383

◆◆◆◆◆◆◆◆◆ 豪華図書・目録 ◆◆◆◆◆◆◆◆◆

近代の美人画　目黒雅叙園コレクション

細野正信 監修

女性美の表現方法は、奈良・平安初期は眉は半月、細目切れ長、下ぶくれ、平安期においては「源氏物語絵巻」に見られる引目鉤鼻というように時代の好尚を端的に集散している。また具体的な普及は庶民文化が台頭した江戸期の浮世絵に端を発し、明治20年後半に「美人画」としての位置づけが確立されたといえよう。本書では、その華々しい発展が見られる明治中期から昭和中期までの優作500点を、わが国において最・ともに屈指のコレクションを誇る目黒雅叙園より厳選し、オールカラーで収録する。

(主な掲載作家)

伊東深水・鏑木清方・寺島紫明・橋本明治・横尾芳月・杉山寧・山本丘人・小早川清・荒木寛方など、約100作家

● B4判変型・418頁・上製本　●28,840円

インド宮廷絵画

畠中光享 編著

耽美のイスラム宮廷に花開いた近世細密画。精緻な描線と鮮麗な色彩がヒンドゥ神話や人生の深淵を映し出す。未発表の名品は190点は各派の魅惑を謳い、小画面の浪漫は芸術の本質を示唆する。斯界待望の資料にして豊穣のインド美術への扉。

(本書の特徴)

・インド細密画の本質を最も良く表現する隆盛期の名品190点を集成。
・二大潮流をなすムガール系絵画、ラージプト絵画の各派を網羅した作品選定により、ミニアチュールの史的・地理的展開を俯瞰し得る。
・確かな鑑識眼に基づく解説文は、簡明な総論と斬新な批評を展開。
・最新の印刷技術による豊富なカラー図版で、作品の魅力をより鮮明に伝える。

● B5判・248頁・上製本　9,800円

年鑑グラスアート ('90〜'91)('92〜'93)

西村公郎 編

ドラマティックな独創性、スタイル極める洗練。現在最も注目されるガラス工芸の多様な相と動向を展覧会記録に見る。内外の代表作家の新作約450余点を各巻収録。未知数の素材がアートを拡充するうねりをヴィヴィッドに伝える年鑑。

● A4判変型・平均212頁・上製本　'90〜'91版9,800円・'92〜'93版13,800円

新・ステンドグラスのランプ

西村公郎 編

日本美術の影響を受け、自然の中にモチーフを見出したアールヌーボースタイル、生活様式の変化を反映した、モダンで明るいアールデコスタイル。特有の透明感、シャープな質感、微妙な色調……、時代の空気を内包する多彩なガラスの煌めきの数々350点の新作を満載。

● A4判・176頁・上製本　19,800円

京都書院　出版営業部／Tel：075-841-9131・Fax：075-842-9383

日中共同出版《完全翻訳版》
中国美術全集 ─工芸編─【全12巻】

第1巻 陶磁Ⅰ/第2巻 陶磁Ⅱ/第3巻 陶磁Ⅲ/
第4巻 青銅器Ⅰ/第5巻 青銅器Ⅱ/第6巻 染織刺
繍Ⅰ/第7巻 染織刺繍Ⅱ/第8巻 漆器/第9巻 玉
器/第10巻 金銀器・ガラス器・琺瑯器/第11巻 竹彫
・木彫・象牙・犀角・明清家具/第11巻 玩具、剪紙、
影絵

● A4判変型・平均320頁・上製本　● 各巻30,000円

近世屏風絵秀粋
白畑よし・中村溪男 解説

土佐・狩野・琳派・円山四条各派など、近世屏風絵の秀作100余点を収録。
花鳥・山水・人物などのテーマ別に、見開き120センチにも及ぶ迫力ある
大画面にて展開した決定版。絢爛豪華さを競う優品、空間や風情を重ん
じた秀作など、バラエティ豊かに展開する。

● A3判・320頁・上製本　● 154,500円

皇居杉戸絵
関千代 解説

明治21年創建の皇居（明治宮殿）のために制作された杉戸絵は、昭和20
年戦火による建物焼失にも拘らず、幸いにも無事搬出され、宮内庁に保
管された。本書は、江戸後期から明治初期にかけての政治的変革期に活
躍した各派の画家たちの秀作（86点・168図）を多年の調査を経て初公開。

● A3判変型・240頁・上製本　● 49,440円

近代の日本画 ─花鳥風月─
細野正信 監修・松浦あき子 解説

明治～昭和中期にかけて日本画壇を飾った各派の花鳥画優品550余点。
我が国最大級の日本画コレクションの殿堂と称される目黒雅叙園の蔵品
より厳選して収録。その多くは、竹内栖鳳、川合玉堂、鏑木清方、川端
龍子、堅山南風等の社中の作で、活気ある画面を展開。

● B4判・412頁・上製本　● 39,000円

柴田是真花の丸集成 ─明治宮殿千種之間天井綴織下図─
福田徳樹 解説

江戸末期から明治初期に活躍した画家・漆芸家、柴田是真。その卓越し
た技術と創造性は、近代日本美術工芸の構築の基礎を形成した。本書は、
明治宮殿千種之間天井を飾った綴織の下図を紹介するもので、円という
限られた型の中で、最大限に工夫された意匠力と描写力を示す。

● A3判変型・280頁・上製本　● 41,200円

京都書院 出版営業部/Tel:075-841-9131・Fax:075-842-9383

図説 手織機の研究(正・続)

前田亮 著

原始織物機を幕開けとする日本の手織機の多様な展開を、約300点の図版資料で克明に証す。さらに織意匠や生活風土と織機の関連にも言及、多角的な視点から手織機の位相を捉える。類書も少なく、ユニークな新見地も拓く待望の労作。

●B5判・(正)308頁・(続)300頁・上製本 (正)25,000円 (続)25,000円

日本組紐古技法の研究

木下雅子 著

理論と実践に跨がる緻密な論証で、埋もれた主要古技法の立証と復活を果たす画期的大著。従来の組紐史を大きく書き替えるとともに、他の歴史分野にも自ず新知見をもたらす。併せて図版による実技の詳説が組紐操作を容易にした、総合的かつ実践的研究書。

●B5判・400頁・上製本・ケース入 ●30,000円

岡山美術館蔵 能装束

切畑健 監修

備前岡山藩池田家に伝わる、重要文化財を含む絢爛豪華な能装束——唐織、厚板、縫箔、摺箔、鬘帯、腰帯、および肩衣をはじめとする狂言装束を含む951点。見開き全面で全図と、織組織を明確にした部分拡大図を掲載する編集方式。わが国最大級のコレクションのすべて。

●A3判・510頁・上製本・帙入 ●185,400円

印度更紗

吉岡常雄・北村哲郎 執筆

更紗の源流をなし世界的に稀少な初期鬼更紗、金更紗などの最高級逸品を中心に、未発表の優品を総原色版にて再現。さらに世界の染織技法を示す復元裂を2点貼付。および代表的な更紗文様を拓摺にて明示した、印度更紗の決定版。

●A3判・306頁・上製本・帙入 ●70,040円

インド染織美術

畠中光享 編著

多彩な文様は今なお斬新に光り、悠久の色調は大地の匂いを留める。億千年の更紗の伝統の技と色が香る455点の名品を、染・織・絣・絞・刺繡の多岐にわたり収録。細部をも鮮やかに促えた図版は、尽きせぬ美的イメージの宝庫でもある。

●A4判変型・384頁・上製本 ●35,000円

現代のペルシャ錦 —技と文様の美—

セイエド・M・アラスト 著

時を越えた至高の装飾芸術品から現代の名品100点を精選。絹の恵み、職人の黄金の宿、伝統の意匠のハーモニーにイスラム文化が香る。各産地の特色や文様の体系をも華麗に精密に俯瞰しうるセレクションで、シルクロードの新たな夢を展げる。

●A4判変型・248頁・上製本 ●28,000円

京都書院 出版営業部/Tel:075-841-9131・Fax:075-842-9383

譜説 かさねの色目配彩考

長崎盛輝 著

平安女装にみる四季の配彩美。一枚の衣の表裏の色彩配合〈襲〉を上巻に、その衣を装束として重ねる際の配色〈襲〉を下巻に収録。基本色48色が奏でる季節の譜、かさねの色目266種を表す。故実害の綿密な検証、表色の正確を期した絹と染料、色譜の雅趣を生かした体裁で贈る決定版資料。

【本書の特徴】

・斯界の第一人者である著者の厳密な監修に基づいて48色の色譜で構成された「かさねの色目」の決定版。

・各色票の横には色目の表・裏の色名、その絵、番号、色目名称を配し、春夏秋冬、四季通用に分類した。

・解説書には「重色目の別誌一覧表」「襲色目に関する「満佐須計装束抄」・「女官飾抄」・「曇華院殿装束抄」の所説と解説一覧表」「日本色研によるトーンの分類表」「各種参考文献」等を付した。

●B4判変型・上下巻各88頁・解説書248頁・上製本　●288,400円

時代装束—時代祭資料集成—

上田正昭・猪熊兼勝・出雲路敬直 解説

豪華絢爛の風俗絵巻として名高い時代祭の装束を初集成。厳密な文献考証と、京都の伝統工芸の粋を結集したその美姿を、時代背景も含めた詳細な解説と共に紹介する。服飾史、工芸史、染織史の一級資料を内包した愛蔵版。

●A4判変型・228頁・上製本・ケース入　●28,840円

中国古代の服飾研究 （増補版）

沈従文・王㐨 著

文化的貴重な指標たりうる服飾。本書は、文物資料と文献との徹底した分析で中国服飾史を書き換えた名著の完全翻訳版。総合的見地からの論述で、他分野への具体的提言も数多いが、精度の高い研究が叙する歴史の厚みもさらに圧巻。

●B4判・540頁・上製本・ケース入　●58,000円

中国五千年女性装飾史

周汛・高春明 編著

美への希求と時代の気風との結実、中国歴史の服飾を網羅する決定版。古文献の博捜と、遺物の精密な検証とが相俟って、視野の広い系統的な叙述が展開される。文化の代弁者としての〈装い〉と堪能しうる魅惑の図版構成、本邦初の完全翻訳版。

●A4判変型・320頁・上製本　●35,000円

染織の文化史—木綿と藍—

福井貞子 著

著者が30年にわたり在家に残存した絣・縞などの資料600余点を収集。実測・計量・素材の精緻調査と、年代区分による用途別製品分類を体系化した。また、肌ざわり、藍の香りと色相の変化、手紡糸と紡績の区分・密度など、布と向き合って精査した研究書。

●B5判2冊組・各128頁・上製本　●28,000円

京都書院 出版営業部/Tel：075-841-9131・Fax：075-842-9383

名 庭 (全5巻)

水野克比古 写真

平安京造営時の広大な苑池・神泉苑にはじまして以来、京都には数多くの造園の歴史を今にとどめる。それは宗教や思想、生活の彩り、建築様式の変遷などを美事に反映している。本書では、古都にちりばめられた名庭の数々をつぶさに披露する。浄土幻視の平等院、冴えかえる龍安寺石庭、雅趣を極めた月の桂……時代の精神と美学が迫る。陰影や奥行きの細やかに辿るカメラに導かれ、庭の多様な表情を堪能する大好評のシリーズ。

(全巻の構成)
1．京都嵯峨野・洛西
2．京都東山・洛南
3．京都洛中・洛北
4．京都秘蔵の庭
5．京都尼寺の庭

●25×25cm・各108頁・上製本 ●定価3,980円

エクステリア シリーズ (全5巻)

松味利郎・山崎脩 ほか写真・文

アルプスに暮らす民の、敬虔な祈りと生の歓喜を描く壁絵、その温もりと深み。内部と外界との境として憧れや希望を託した扉、窓、手摺、その表現の多彩。風土や文化を鮮明に映し出す外観装飾に、人間性に根差した身近なアートを見る。

(全巻の構成)
1．チロール壁絵の里
2．アルプスの谷壁絵街道
3．ヨーロッパ扉
4．ヨーロッパ窓辺
5．ヨーロッパ鉄のデザイン

フランス・ドイツ・スイス・イタリア・ポルトガルなど9ヶ国 (すべて現地取材)

●A4判・各136頁・上製本 ●定価7,800円

デザイン発見シリーズ (全8巻)

松味利郎・山崎脩 ほか写真・文

民族や風土を超えた優れた文化・芸術は人の心を打つものである。本シリーズでは、世界各地で制作された絵画・彫刻・建築などを視覚totことに促えて、それぞれの国の文化を、その色と形の中に求め発見してゆく。また、この発見の旅で出会った風景や町の表情を提供するユニークな企画。

(全巻の構成)
1．壁絵のある家 西ドイツ編
2． 〃 スイス・オーストリア編
3． 〃 ポルトガル・イタリア編
4． 〃 北イタリア編
5．インドの石
6．中国の土
7．エジプトの石
8．ウィーン(知られざる世紀末)

●A4判横幅・平均150頁 ①②⑤⑥定価3,914円/③④⑦⑧定価3,920円

◆◆◆◆◆◆◆◆◆◆◆ 豪華図書・目録 ◆◆◆◆◆◆◆◆◆◆◆

現代建築のステンドグラス 日本編1・2
西村公朝 編

現代建築との調和、建築空間における環境との共生を強く意識する現代のステンドグラスアートは、光と色と線、そしてガラスという素材的要素を充分に生かし、現代の新たな建築空間の舞台として燦然たる輝きを演出している。本書では、現代ステンドグラスの全貌を見い出すべく、全国に取材を敢行し、各巻200余点の優品を鮮明なワイドカラーで紹介した初の集大成である。

（主な掲載分野）
公共建築（図書館・市庁舎・学校・病院・公園など）・商業施設・寺院・教会・住宅ほか

●30×30cm・平均250頁・上製本　●①39,800円 ②48,000円

20世紀ステンドグラス
ロバート・ケールマン 著

アール・ヌーヴォーの建築家たちが、窓や採光の天窓を設計することに初まったステンドグラスは、現代美術、現代建築、テクノロジーの発達に伴い著しい発展を遂げた。本書では70余名・150余点の代表作を世界的視野で様式別に分類し、歴史的に概観する。

●30×30cm・252頁・上製本・ケース入　●39,800円

現代日本の陶壁
中原佑介・鈴木進・ほか執筆

自然や社会空間の中に表現の場を求め、現代美術の重要な一分野を形成する陶壁。本書は日本全国に取材し、現代建築との調和、環境との共生、未来への指向性という観点から、140点の優品をシャープなカラーで紹介。斬新な意匠と色彩の展開を見る。

●30×30cm・208頁・上製本・ケース入　●48,000円

レオナール（LEONARD）
L'ART DANS LA COUTURE　ダニエル・トリヴィヤール 著

たおやかな生地に華麗極まる花柄。鮮烈なストライプに大胆な具象柄。自然への愛情豊かな観察に想いを得て、自在に女性美を演出するレオナール。好評既刊に続く第三弾では、最新作をオールカラーで満載する。パリ・オートクチュールに花開く最高のエレガンス。

●B4判変型・280頁・上製本　●48,000円

ヴェルサーチ
VERSACE SIGNATURES

めくるめくイメージは時代を映し、セクシャルなテイストは哲学を謳う。世界のモード界を席巻した鮮烈な旋風、80年代初頭のインパクト溢れる写真に甦る。鬼才のゴージャスな感性のすべて、待望久しい日本版はいよいよ完成。

●A4判変型・256頁・上製本　●15,800円

季節を象る文様のすべて——匠たちの花鳥風月

日本の意匠（正・続） 正【全16巻】/続【全12巻】

—文様の歳時記—

時節を彩る風物とその情緒を観ずるこころ。古来、自然と人との交歓によって大和の季節感は育まれ、その繊細な感受と一体化の志向は、多彩な文様として今に残る。絵画、漆芸、陶芸、木彫、鍔、櫛、建築装飾、染織‥‥。あらゆる美術工芸品に見る四季の意匠を展開した本書は、さながら洗練された"美の宝庫"。

●本書の特長

・絵画・陶芸を初め、あらゆる分野の工芸品に展開される文様を、春夏秋冬に分類した、季節感溢れる目で見る歳時記。
・鮮明なカラーと部分図を駆使した総2500余点。
・平安・鎌倉期から現代まで、日本の伝統美を満喫できる愛蔵版。
・国宝・重文級の逸品をはじめ、個人蔵の優品も多数網羅して充実を期す。
・未公開の下絵・写生帖、浮世絵なども豊富に掲載。
・斯界第一人者の総説、掲載全作品の全体図版一覧を付す。

●正篇の構成

1巻 源氏物語／2巻 秋草／3巻 牡丹・椿／4巻 桜／5巻 鳥・蝶・虫／6巻 伊勢物語・詩歌・能楽／7巻 松・竹・梅／8巻 人／9巻 藤・柳・春夏草／10巻 獣・魚・虫／11巻 菊・紅葉／12巻 風引山水／13巻 吉祥／14巻 五穀・蔬菜・果実／15巻 器物／16巻 縞・格子・割付

290×290mm・各巻約200頁・上製本

●各巻12,360円

●続篇の構成

1〜3巻 春 I・II・III／4〜6巻 夏 I・II・III／7〜9巻 秋 I・II・III／10巻 冬／11巻 吉祥／12巻 年中行事

290×290mm・各巻181頁・上製本

●各巻18,000円

京都書院 出版営業部／Tel：075-841-9131・Fax：075-842-9383

清雅に華麗に衣をきわめる、時代の美学・名匠の技

日本の染織

【全20巻】

大和の永い歴史・津々浦々の暮らしをたおやかに彩る染織文化。
「辻が花」の夢幻、「紅型」の鮮麗、「能装束」の高華。
多彩な綺羅はまさに、千年の感性の結晶といえよう。
本シリーズは二十の代表的な種別に、その名品のかざりを収録、
詳細な図版と解説で染織の水脈を辿る。
生活に根差し洗練を極めた裂の系譜に、日本文化の真髄をも見定めるべく。

1	正倉院裂
2	辻が花
3	武士の装い
4	小袖
5	友禅染
6	振袖
7	日本の刺繍
8	能装束
9	狂言の装束
10	歌舞伎衣裳
11	日本の絞
12	日本の絣
13	こぎん・刺子
14	筒描
15	型染・小紋・中型
16	アイヌの衣裳
17	近代の染織
18	紅型
19	名物裂
20	更紗

● A5判・各96頁・上製　● 定価2,800円

京都書院　出版営業部／Tel:075-841-9131・Fax:075-842-9383

近代の日本画家が創り出した華麗な花鳥画の世界を
初めて大系化した豪華美術全集

決定版 **日本の花鳥画**

【全6巻】

- ●花鳥画の世界をビジュアルに編集した待望の美術全集
  全国の美術館、博物館をはじめとして、一般に見ることのできない秘蔵の優品を多数掲載し、近代から現代までの「日本画にみる花鳥画の世界」を大系的に紹介。
- ●日本の花鳥画（近代〜現代）の歩みを一堂に
  日本画壇を代表する巨匠、大家をはじめ、社会的評価を得た作品や資料的に価値ある作品を幅広く収載。
- ●斯界第一線の執筆陣による詳細な作品解説
  掲載総数326作家（700余点）に及ぶ各々の作品については、16名の第一線の執筆陣により詳細な解説を付した。

● 執筆
細野正信（山種美術館館長）
内山武夫（京都国立近代美術館）
榊原吉郎（京都市立芸術大学） ほか

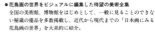

主な掲載作家

荒木	寛畝	柴田	是真	菱田	春草	榊原	紫峰	川崎	小虎
今尾	景年	竹内	栖鳳	横山	大観	橋本	関雪	幸野	楳嶺
入江	波光	西山	翠嶂	速水	御舟	杉山	寧	村上	華岳
狩野	芳崖	堅山	南風	東山	魁夷	山口	蓬春	安田	靫彦
大山	忠作	橋本	雅邦	川合	玉堂	奥村	土牛	ほか	

A3判変型（380×270㎜）・布製、上製本・各巻平均300頁　●セット定価296,640円

京都書院　出版営業部/Tel：075-841-9131・Fax：075-842-9383

◆◆◆◆◆◆◆◆◆◆豪華図書・目録◆◆◆◆◆◆◆◆◆◆

現代のフラワー・アーティスト

【全12巻】

いま、もっとも活躍している
花のクリエーター
13名の傑作集

● いけばな、フラワー・アレンジメント界で、現在最も活躍中の日本アーティストによる初の集成。

● 各作家の個性を生かし、テーブル花、祝い花、贈る花、迎え花から空間インスタレーションまで、多彩な花の表現集。

● 国際感覚に優れ、21世紀に向けて世界をリードする可能性を秘した、国際的な場においても広く感動を及ぼしめる作家作品を掲載。

● 各掲載作品に作家自身による平易な解説付き。（制作意図、花材、器、場所など）

いけばな作家と
フラワーデザイナーが
初めて競作する
画期的シリーズ

● 監修
平田良三（JFTD名誉会長）
工藤昌伸（日本いけばな文化研究所主宰）

①東海林寿男
ISBN4-7636-3245-0
②坂梨 悦子
ISBN4-7636-3246-9
③藤澤 保
ISBN4-7636-3247-7
④大坪 光泉
ISBN4-7636-3248-5

⑤千羽 理芳
ISBN4-7636-3249-3
⑥村松 文彦
ISBN4-7636-3250-7
⑦日向 洋一
ISBN4-7636-3251-5
⑧石見 信男
ISBN4-7636-3252-3

⑨松田 隆作
ISBN4-7636-3253-1
⑩小泉 衛
ISBN4-7636-3254-X
⑪近藤 一
ISBN4-7636-3255-8
⑫内山ゆり・友樹
ISBN4-7636-3256-6

● 300×222mm／カバー巻上製本／各巻72頁／オールカラー

● 定価 各巻3,980円

京都書院 出版営業部／Tel:075-841-9131・Fax:075-842-9383

幼なき夢を育んだなつかしいおもちゃたち──。
その折々の思い出と、日本の文化が集約された日本玩具大図鑑、初発行！

おもちゃ博物館

【全24巻】

●多田敏捷 著

江戸時代から昭和40年代までの
おもちゃ約3千点を
体系的に分類して紹介。

『おもちゃ博物館』は、これまでの玩具紹介の書物とは異なった、あたらしい視角で〈おもちゃ〉世界の全体像をみごとに展示して見せてくれた。ページをめくっていくと、いつのまにか読者であったはずの自分が、博物館で実物の〈おもちゃ〉をながめ、これと対話しているのだ。まさに、博物館の展示そのものである。ことに、著者の長年にわたる研鑽のエッセンスである文字情報を必要最小限に押さえ、展示というスタンスで撮られた写真を主体にした本書は、〈博物館〉としての意図をみごとに達成している。

幼い読者は、発見と感動の連続をたのしみ、そこに未来を創造する夢や希望をデッサンするだろう。そして、市民社会を敏感に反映した〈おもちゃ〉から、そこでの疑似行為や社会性を体得できるであろう。また成人にとっては、幼少期の自分史にふかく刻みこまれた事件情景を再生させ、対話や追体験を可能にしてくれる。本書の全24巻におよぶ膨大な〈おもちゃ〉情報は、さまざまなニーズに対応する心憎い構成である。

この類書のない『おもちゃ博物館』は、考古学を専門にまなんだ著者の編年的手法の導入によって肉づけされ、〈おもちゃ〉の資料価値を格段に高めた展示が特色である。〈おもちゃ〉は、人類の過去と現在、そして未来を写す鏡である。一読、いや一見をお薦めしたい。
　　　　　　　　大塚 和義（国立民族学博物館助教授）

1 ブリキ製玩具（Ⅰ）明治・大正篇
2 ブリキ製玩具（Ⅱ）昭和篇
3 マスコミ玩具
4 めんこ・ビー玉
5 カルタ・トランプ
6 双六・福笑い
7 おもちゃ絵・立版古
8 千代紙・折り紙
9 相撲玩具・赤穂浪士の玩具
10 遊戯具
11 ゲームと絵本
12 羽子板・凧・コマ
13 木製玩具・セルロイド玩具
14 着せかえ遊び・ぬり絵
15 人形（江戸から現代まで）
16 ままごとと水物玩具
17 子供の乗り物・光学玩具
18 女の子の玩具
19 男の子の玩具
20 縁日と駄菓子屋の玩具（Ⅰ）
21 縁日と駄菓子屋の玩具（Ⅱ）
22 子供絵と子供衣裳
23 玩具で見る日本近代史（Ⅰ）
24 玩具で見る日本近代史（Ⅱ）

●A4判変型・各48頁オールカラー・上製　●定価2,380円

京都書院　出版営業部／Tel:075-841-9131・Fax:075-842-9383

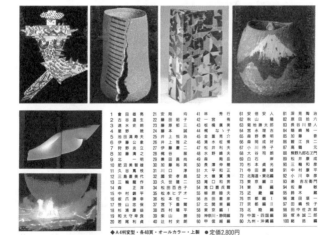